나의 로맨틱 ─────── 아 프 리 카

나의 로맨틱
아 프 리 카

초판 1쇄 발행 2018년 9월 15일

지은이 백선희
발행인 김정웅
편 집 김신희
디자인 빅웨이브
발행처 포스트락
출판등록 제2017-000052호
주 소 (07299) 서울 영등포구 경인로 775 에이스하이테크시티 1동 803-28호
문의 및 투고 post-rock@naver.com
인 쇄 천일문화사

값 18,000원
ISBN 979-11-960916-3-7   03980

아프리카에서
사 랑 하 고 ,
여 행 하 고 ,
살 아 가 다

나의 로맨틱 ──────── 아 프 리 카
My Romantic Africa

백선희 지음

포스트락
POST樂

Contents

Chapter 04

My Kitchen in Africa
아프리카, 나의 식탁

My Romantic Africa

Chapter 01

아프리카 남자와 결혼하다

African Bride

그와 그녀의 만남

친구를 따라간 어느 포목점 할머니께서 20대의 나에게
점쳐 주셨던 것처럼 나는 뚝배기 같은 남자를 만났다.
그때에는 '웬 뚝배기 같은 남자?' 하며 정색을 했었다. 하
지만 늘 내가 괜찮은지, 행복한지가 인생의 우선순위인
이 남자, 나는 그에게 자주 말하곤 한다. "다른 사람들이
놓치고 발견하지 못한 가장 크고 귀한 진주를 내가 찾았
다."고 말이다.

마주 보고 이야기를 나누다 보면 그의 눈동자가 유난히
더 파래 보이는 순간이 있다. '아, 이 사람 외국 사람이었
지!' 외모에서부터 참 많은 점이 다르다는 걸 문득문득
깨달으며 살아간다. 그렇게 서로 많이 다르다는 걸 인정
하며 시작을 했고 그래서 아직도 서로를 더 알아가고 있
는지도 모르겠다.

My
Romantic
Africa

한국 여자와
영국계 아프리카 남자가
만나다

그 여자는 부모님, 선생님 말씀이라면 사소한 것 하나도 어기지 않았고 학교 쉬는 시간에도 문제집을 펼쳐 놓고 공부를 하는 모범생이었다. 손재주가 많은 언니에게서 틈날 때마다 뜨개질과 자수, 직조를 배워 옷과 소품들을 만들어 선물하는 것이 취미인 천생 여자로 자랐다. 다만 2남 3녀 중 넷째로 자라면서 대가족의 살림에 손을 보태야 했는데 별말 없이 돕는 언니나 여동생과 달리 왜 밥상을 차리고 치우는 일이 여자들만의 몫인지에 대해 불만이 늘 많았다. 똑같이 학교를 다니고 공부를 하면서 여자들은 스스로 챙겨 먹는데 왜 오빠들 밥상은 우리가 차려줘야 하냐고 꼬치꼬치 따져 물으며 집안의 트러블메이커가 되곤 했다.

그 남자는 13살 때 아버지가 사 준 오프로드 모터바이크를 타며 익스트림 스포츠를 즐겼다. 장난이 짓궂었던 남자는 여동생을 꽤나 못살게 굴어서 지금도 여동생은 어린 시절의 오빠를 생각하면 지긋지긋하다고 했다. 남자는 출중한 외모에 늘 신상 패션들로 차려입는 멋쟁이여서 그와 함께 파티에 가고 싶어 하는 여자애들이 꽤나 많았다.

여자는 청소년기에 친구들과 원 없이 놀았던 남자를 "날라리"라고 했다. 고등학교 시절에 만났다면 공부가 뒷전이었던 그에게 눈길도 주지 않았을 거라고. 남자는 안경을 쓰고 교실 맨 앞자리에 앉아 "선생님 저요, 저요!" 하며 손을 드는 모범생 여자와 고등학교를 함께 다녔다면 그녀가 자신에게 접근도 못 했을 거라고 했다. 공부밖에 모르는 지루한 청소년기를 보내던 그녀가 어찌 다채롭고 즐거웠던 그의 청소년기를 이해할 수 있었겠느냐고.

그렇게 한국과 아프리카에서 다른 언어, 다른 문화, 다른 성장기를 보낸 여자와 남자는 서울 광화문의 한 오피스빌딩 32층에서 서른이 훌쩍 넘어서 만나게 된다. 그동안 여자는 미국에서 유학 후 직장생활을 했고 남자는 MBA 과정을 마치고 연수차 방문한 아시아 나라들에 매료되었고 한국에서 주재원 생활 3년 차에 접어들고 있었다. 성장기는 매우 달랐지만 서로의 문화에 가까워지는 연습을 각자의 방식대로 하고 있었던 셈이었다. 그렇게 둘은 만났고, 평생을 같이하기로 약속했고, 하나가 되었다.

아프리카에서 부르는 사모곡

부모님의 여행으로 할머니 댁에 며칠 맡겨졌던 5살의 나는 노을이 불그스레 지는 시간이면 어김없이 대문 앞의 커다란 바위 위에 앉아서 그 누가 와서 달래고 얼러도 서럽게 엄마를 찾으며 울어 대는 엄마바라기였다.

어린 시절 여름과 겨울마다 형제들은 시골 할머니 댁에 가서 긴 방학을 보냈다. 방학이 끝나고 집에 돌아온 형제들은 여름에는 냇가에서 물고기를 잡고 계곡에서 수영을 했던 이야기, 겨울에는 아궁이에 장작불을 때어 고구마를 구워 먹고 수북하게 눈이 쌓인 차로를 운동장 삼아 뛰어다니며 신나게 놀았던 이야기를 내게 들려주며 다음 방학 때는 꼭 함께하자고 다짐을 받곤 했었다. 하지만 그런 일은 끝내 일어나지 않았다. 방학 때마다 나는 홀로 남아서 엄마 뒤만 졸졸 따라다녔고 그런 나를 보고 엄마 친구분들은 나중에 시집은 어찌 가겠느냐며 놀리시곤 하셨다.

대학교 1학년 기말고사 기간에 엄마는 지병으로 돌아가셨다. 그리고 2년 후 나는 홀로 미국 유학을 떠났다. 하지만 돌아가신 엄마, 한국에 있는 가족들에 대한 그리움이 유난히 심해서 늘 눈물을 달고 살던 나는 친구들에게 별난 아이로 통했다. 두 번째로 홀로 다시 간 미국에서 석사과정과 직장생활을 하다 완전히 돌아온 한국은 가족들과 친구들이 있어 안락했고 따스했다. 이제 외로운 외국 생활은 내 인생에서 끝났다고 그렇게 맹세를 했었는데 어느새 서양인 남편과 세계 곳곳을 여행하며 아프리카 나의 집에서 홀로 우뚝 서 있는 나 자신을 발견하고 새삼 움찔하곤 한다.

한국에서 멀고도 먼 나라 남아프리카공화국(이하 남아공)에서 아이러니하게도 나는 그 어느 때보다 엄마와 더 가까이 늘 함께함을 느끼며 산다. 내 마음에 항상 커다란 자리를 차지하고 있는 엄마와 함께 그녀의 못다 한 삶을 내가 대신 살아간다는 것을 매 순간 생각하고 다짐한다. "엄마 보세요. 엄마 곁을 하룻밤도 떠나지 못하고 엄마바라기만 하던, 유별났던 그 딸내미는 이렇게 씩씩하게 엄마의 짧았던 삶을 대신해서 열심히 살아가고 있어요." 아름다운 아프리카 하늘과 풍경을 바라보며 늘 마음속 엄마와 대화를 한다.

영화 같은
사파리 결혼식

35도에 이르는 불볕더위였지만 두 겹의 드레스를 입은 나는 땀 한 방울 흘린 기억이

없었다. 듣도 보도 못했던 사파리 결혼식의 주인공이 된 나는 모든 것이 얼떨떨할 뿐

이었다. 우아한 선율의 웨딩마치 대신 리조트 직원들이 모두 나와 장구와 북을 치며

아프리카 흥으로 들썩들썩한 힘찬 노랫소리가 신부 대기실 바깥으로 울리고 있었다.

결혼식 진행을 맡은 친구가 몇 차례 대기하라는 신호를 주었고 이윽고 긴 복도를 따라 신랑과 하객들이 기다리고 있는 곳으로 아프리카 장구와 북소리 리듬에 맞춰 걸어갔다.

플로리스트 동생이 티아라 대신 머리에 꽃을 꽂아 주었고
그녀가 정성스럽게 준비한 부케를 들고 한 발 한 발 그렇게.
"I Do" 마음속에 새기고 하객들 앞에서 크게 맹세하던 날.
그날의 모든 순간들은 그 어떤 화보나 영화보다 내게는 더 아름다웠다.

아프리카 초원 속

달 빛 피 로 연

예식을 마치고 커다란 나무 그늘 아래에 준비된 피로연에서
하객들은 샴페인을 마시며 이야기를 나누고 있었다. 정장 차
림을 한 하객들 덕택에 평범한 사파리 풍경은 더욱 글래머러
스해졌고 이제 겨우 서막에 불과한 결혼식 파티는 해 질 녘 노
을빛의 아름다운 풍경 속에 물들어가고 있었다. 본격적인 파
티는 저녁 만찬이 끝나고 달빛만 비치는 고요하고 깜깜한 들
판 한가운데에서 이어졌다. 그날 밤 DJ의 현란한 음악들, 우리
의 환호와 춤사위로 아프리카 초원의 적막은 깨지고 야생동물
들은 잠을 몹시 설치고 있었다.

카메라를 든 신부

"신부가 오늘의 주인공인데, 어서 신부 손에 쥐어진 카메라를 뺏으세요." 결혼식의 사진 기사님은 손에서 카메라를 놓지 못하는 나를 가리키며 친구들에게 부탁을 했다. 스치는 순간들이 놓치기 아까워 늘 카메라를 들이대는 건 나의 결혼식에서도 예외가 아니었다. "지금 이 풍경 이 모습이 너무 멋져서 내가 꼭 찍어야겠어!"

언제나 카메라를 놓지 못하는 나를 보고 신기한 듯 웃는 시댁 가족이나 친구들에게 나는 말한다. "옛날 화가들도 시들어 가고 벌레 먹어 가는 꽃, 과일과 야채들을 놓고 오랜 시간 공들여 정물화를 그렸잖아. 그에 비하면 사진은 유별날 것도 없지." 스쳐 가는 찰나의 순간들! 돌이켜 보면 모든 순간이 아름다운 추억이 되기에 카메라를 언제나 내 주변에 두어야 마음이 편하다.

어릴 적에도 내 주위에는 카메라가 항상 있었다. 나는 예쁜 원피스를 입고, 취미로 사진을 찍으셨던 아버지를 늘 따라다녔다. 사진 찍히는 것을 좋아해서 찍어 달라고 떼를 쓰며 울다가 눈이 빨개진 채로 찍힌 사진들이 꽤나 있을 정도였다. 그러다 아버지께서 가끔씩은 그 무거운 카메라를 내 손에 쥐여 주시며 직접 셔터를 눌러보게 해주셨다. 렌즈를 한쪽 눈으로 들여다보는 게 힘들어 손가락 하나로 눈꺼풀을 눌러 닫고 아버지께서 일러주신 대로 최대한 프레임 안에 아버지의 모습이며 풍경을 담는 연습을 하기 시작했다. 필름 한 장 한 장이 참 귀했을 때인데 한 번도 아까운 내색을 하지 않으시고 내게 셔터 누르는 감동을 허락해 주셨다. 그렇게 아버지께서 물려주신 감사하고 귀한 유산이 바로 나의 소중한 취미가 되었다.

2달간의 긴 유럽 여행을 마치고 오신 시아버지께서 디지털카메라에 담아온 사진은 10장도 되지 않았다. 그런 시아버지는 하루 2, 3백 장은 거뜬히 찍는 며느리가 신기하신지 도대체 그 많은 사진들로 뭘 하냐며 경이로워하신다. 나는 카메라를 들고 있을 때 풍경과 사물에 더 많이 집중하게 된다. 같은 풍경 속에서도 더 낭만적이고 아름다운 각도를 찾고 감상할 줄 아는 능력을 키워준 것도 카메라이다.

카메라를 통해 세상을 더욱 흥미롭게 바라볼 수 있었고,
카메라로 가장 예쁜 모습을 찾아 담아내듯
평소에도 그와 같은 시선으로 일상의 모든 것들을 바라보고 기록하는 것이
내게 너무나 자연스러운 일이 되었다.

My
First
Africa

첫 아프리카 여행을 앞두고 그의 가족과 친구들이 사는 요하네스버그(이하 조벅)라는 곳에 대해 상상을 해 보았다. '커다란 나무 한 그루가 서 있는, 그 집을 향해 달리는 우리 차 뒤로 흙먼지가 폴폴 날리는 비포장도로….' 거기서 상상은 멈추었다. 아프리카는 나에게 그런 곳이었다. 황금빛 초원에 야생동물이 뛰어다니고, 강렬하게 내리쬐는 태양과 사막, 비포장도로 그리고 가난하고 병든 사람들. 또한 정치적 부패, 식민지 후에도 여전한 인종 간의 갈등, 인종분리정책인 아파르트헤이트*Apartheid*가 남긴 인종차별의 폐해, 빈익빈 부익부와 심각한 범죄율 등 해결해야 할 문제들이 많은 곳.

하지만 실제로 나를 사로잡은 것은 너무나 아름다운 땅 그리고 아름다운 미소를 지닌 사람들이었다. 물론 한국처럼 늦은 밤에 거리를 활보할 수도 없었고, 상점 입구의 자동 잠금장치나 가정집의 담장 위 보안 시설이 어색하게 느껴졌다. 그러나 아프리카 역사와 그들의 라이프 패턴을 차츰 이해해가면서 방문자로서 쉽게 내뱉는 이런저런 비판적인 시각보다는 이 아름다운 땅이 희망이 넘치는 곳이 되었으면 하는 바람이 더 많이 생겼다. 슬픈 역사에서 기인한 불안정한 치안에 대해 알게 될수록 교육과 같은 가장 기본적인 기회조차 누리지 못하고 대물림 되는 가난에서 벗어나지 못해 생존을 위한 범죄의 유혹에 노출되는 이들에게 측은한 마음이 생겼다. 또한 우리가 고정관념에 사로잡힌 채 우리만의 잣대로 아프리카를 평가하는 오류가 얼마나 세상과 자신의 삶의 폭을 좁게 하는지도 깨달았다. 아프리카는 그렇게 많은 것을 생각하게 했고 고민하게 했다.

무작정 두려워하기보다는 미미하더라도 작은 변화가 나로부터 시작되길 바랐다. 신호 대기하는 차량들 주변에서 물건을 팔고 전단을 나누는 사람들을 무조건 경계하기보다는 그들이 좀 더 밝은 미래를 꿈꾸었으면 하는 바람으로 장바구니에서 머핀 혹은 오렌지 하나를 꺼내 미소와 함께 건넸다. 레스토랑에서 계산을 할 때 봉사료에 인색하지 않는다거나 길가 주차요원에게 잊지 않고 감사의 표시를 넉넉하게 하는 것, 그런 것에서부터 시작했다. 범죄통계수치를 내밀며 이곳이 얼마나 무시무시한 곳인지를 매섭게 따지는 사람들도 있지만 우리가 일상에서 만나는 대부분의 사람들은 밝은 미소에 작은 일에도 열심인, 선하고 성실한 사람들이기에 늘 응원의 기도를 한다. 일할 수 있는 기회와 꿈꿀 수 있는 미래가 더 많은 이들에게 허락되기를.

상상도 하지 못했던 아프리카에서의 내 일상은

지금도 여전히 문득문득 신기하다.

특별하고 아름다운 땅, 무수한 잠재력이 꿈틀대고 있는

아프리카 대륙에서 삶을 살아볼 수 있다는 것이

쉽게 누릴 수 없는 혜택이라고 생각하기에

이방인으로서의 불평과 비난보다는

감사한 마음으로 오늘 하루도 맞는다.

02

부부로 살아가는 이야기

═══════

나미비아 사막 한가운데서 우리는 뒤따라오는 친구들 차를 기다리고 있었다. 기다리는 동안 끝이 보이지 않는 사막 길을 손을 잡고 걸어 보자 했다. 누군가가 우리 둘의 걷는 모습을 뒤에서 찍어주는 건 결혼식 이후 처음이었다. 나는 결혼식 때를 생각하며 로맨틱하게 걷고 있었는데 이 남자는 이렇게 장난스러운 모습으로 걷고 있었다. 그러고 보면 이 남자는 내가 심각할 때, 화가 나 있을 때조차 이렇게 늘 장난기 가득한 모습으로 내 주변에 있었는데 나는 그럴 때마다 유치하다고 타박을 했었다. 더없이 짧은 인생. 가끔씩 남편이 미울 때는 이 모습을 떠올리려고 한다. 입가에 미소가 지어지고 미웠던 마음은 사르르 녹아들 테니 말이다.

═══════

목욕하고 나와서 또 샤워를 해?

서양 영화에서 보면 거품 목욕을 하던 배우가 욕조에서 나와 바로 샤워 가운이나 타월로 몸을 감싼다. 영화라서 그런 줄 알았다. 하지만 그건 실화였다. 샤워를 마친 남편의 등에 거품이 남아있어서 샤워부스로 돌아가 헹구기를 바랐지만 그는 아무렇지도 않게 수건으로 쓱쓱 닦아내며 "그냥 거품일 뿐이잖아." 라고 해서 날 경악시켰다. 오히려 남편은 목욕을 하고 나와서 다시 샤워부스로 들어가 몸을 헹구는 내가 이상하다고 했다. "지금까지 목욕을 했잖아. 그런데 또 씻어?"

시어머니는 싱크대 안에 세제를 풀어서 만든 거품 물에 그릇을 닦고 건져서 바로 건조대에 올리신다. 어느 접시에는 거품이 스르륵 내려앉아 있기도 하다. 그렇게 설거지를 끝낸 후 시어머니는 마른 타월로 물기와 거품을 닦아 그릇장에 단정하게 넣으신다. 헉! 그 이후 많은 이들의 주방을 유심히 훔쳐본 결과 다양한 국적의 사람들 주방에서 흔하게 일어나고 있는 일이었다. 그동안 내가 주방 세제를 먹고 있었다니…. 언짢아하실지 모를 시어머니 눈을 피해 나는 이미 설거지가 된 그릇과 머그잔을 헹구고 있었다. 거품을 조금만 먹어도 큰일 나는 줄 알았는데 그렇게 수십 년을 멀쩡히 살아온 그 사람들이 신기했다. 그리고 그래 봤자 거품이니까 괜찮다는 남자와 거품이 큰일인 여자는 또 한 번 서로에게 놀라고 있었다.

해장부터가 달라

"치즈가 넉넉히 들어간 햄버거를 먹어야겠어."

"무슨 소리야. 얼큰하게 끓인 신라면이지."

"안 그래도 속 쓰린데 그 매운 걸 먹어도 괜찮겠어?"

"햄버거야 말로 속이 니글거리지 않아? 그게 어떻게 먹혀?"

신혼 시절, 전날 밤의 거나했던 샴페인 파티가 안겨준 숙취를 해결할 때 우리는 서로를 바라보며 눈이 휘둥그레진다. 서로의 해장 방법이 너무 달라 의아했던 우리는 어느 날 한 입씩 바꿔 먹기 시작했고 어느새 남편은 신라면을, 나는 햄버거를 먹으며 해장을 하기에 이르렀다. 서로에게 배우며 닮아가고 길들여져 가는 것. 처음에는 자신의 방식만 고집하며 치열하게 싸웠었지만 전혀 알지 못했던 세상에 눈을 뜨도록 서로 도와주는 파트너가 되어가고 있다.

때로는 다른 문화와 생활 방식으로 인해 소소한 재미를 느끼기도 한다. 긴 젓가락을 사용해서 볶음 요리를 할 때면 남편은 감탄을 금치 못한다. "이 여자는 요리를 할 때도 젓가락으로 쓱쓱 해." 남편이 친구들에게 자랑할 정도로 나의 평범한 젓가락질에 감탄하는 바람에 나는 그의 친구들과 모두 함께 여행을 떠날 때마다 기다란 조리용 젓가락을 퍼포먼스용으로 꼭 챙겨간다.

뱅어스앤매쉬
vs
보쌈

소울푸드로 영국과 한국이 붙을 만한 돼지고기 요리 매치전이다. 김치를 담글 때면 꼭 맛보게 되는 별미 중의 별미인 돼지수육과 보쌈김치. 김장을 마치고 넉넉히 만들어 두었던 배춧속 양념과 절인 배추를 함께 내는 보쌈이 내게는 향수를 치유하는 고향의 맛이다. 보쌈 맛을 모르는 남편은 돼지고기로 만든 소시지를 바삭하게 오븐에서 굽고, 감자는 푹 익혀 버터와 우유를 넣어 잘 으깬 다음 냉동 완두콩을 데우고 그레이비 소스를 듬뿍 올리며 흥분한다. 이렇게 만들어진 뱅어스앤매쉬*Bangers and Mash*는 세상에서 그를 가장 행복하게 만드는 음식이다.

누가 영국 사람 아니랄까 봐, 누가 한국 사람 아니랄까 봐. 그렇게 마주 보고 앉아서 각자의 소울푸드를 먹으며 "그게 그렇게 맛있어?" 서로에게 묻는다. 같은 음식을 나누지 않는 이 풍경이 무척이나 생경할 수 있겠지만 우리에게는 아주 자연스러운 일이 되었다. 각자의 기호와 취향을 존중하며 내 것을 강요하지 않는 것. 때로는 주방에서 크림페스토 소스를 곁들인 닭가슴살구이와 참치를 넣은 김치찌개를 동시에 준비하느라 매우 분주해지지만 이 또한 우리 부부가 평화를 유지하며 각자의 방식대로 살아가는 방법이기도 하다.

구 시어머니 & 새 시어머니

봄이 되어 얼굴보다도 큰 남아공 국화 킹프로티아가 동네 곳곳에 피기 시작하면 시어머니는 비행기로 두 시간 거리의 나에게 어서 빨리 와서 만개한 모습을 봐야 한다며 우리의 방문을 재촉하신다. 그러고는 며느리를 데리고 깊은 풀밭을 헤치고 들어가 커다란 킹프로티아를 손으로 힘껏 당겨 내게 안겨주시는 다정한 분이다. 엄밀히 말하자면 이분은 새 시어머니이시다.

한 명으로도 벅차다는 시어머니가 내게는 두 분 계시다. 시아버지께서 재혼하신 지 20년이나 되었으니 새 시어머니라는 표현이 이상할 수도 있지만 나는 편의상 구 시어머니와 새 시어머니라 부른다. 물론 두 분 앞에서는 이름을 부르지만 말이다.

새 시어머니와 나는 보통의 고부 관계와는 다르다. 시아버지의 아내이긴 하지만 내 남편의 어머니가 아니기에 우리에게는 통하는 구석이 많다. 부전자전이라고 고집불통에 버럭 하다가도 금세 화를 누그러뜨리고 다정해지는 성격이나 일거수일투족 잔소리가 많고 참견하는 모습까지 쌍둥이 형제보다 더 닮은 두 남자와 함께 사는 여자들로서 말이다.

구 시어머니, 그러니까 남편의 어머니도 시아버지와 살기 힘들었다며 혹시나 남편과 나 사이에 어떤 문제가 생긴다면 무조건 내 편이라고 말씀하시곤 하셨다. 한때는 순진무구하게 그 말을 냅다 믿어버린 시절도 있었다. 하지만 세상의 모든 시어머니들이 그렇듯 아무리 아버지와 아들이 비슷해도 전 남편보다 당신의 아들이 훨씬 낫다고 확고하게 믿으시는 그분에게는 아들이 세상 최고의 남자였다. 그래서 구 시어머니와는 가까이 하기엔 너무 먼 당신임을 느끼게 되는 사건들이 있기도 했다.

하지만 새 시어머니와는 비슷한 성향의 남자와 사는 여자들로서 이야기하고 공감하는 부분이 끝이 없다. 거기에 늘 어른으로서 도움이 되는 조언도 놓치지 않으신다. "나도 그래, 나도 그런 성깔머리 때문에 화가 너무 많이 날 때가 있는데 그럴 때면 타운에 가서 혼자 커피도 마시고 걷기도 하고 그러다 집으로 오면 그는 아무 일도 없었다는 듯 다가와서 눈치를 보고 말을 걸고 화해를 하려고 하지. 그러니 너도 너만의 화 푸는 방법을 찾아 봐. 저 인간들도 스스로 고치지를 못해서 그러는 거니까. 불쌍히 여기고 나 스스로 화를 푸는 수밖에 없지. 그러고 나면 또 아무렇지도 않게 지나가게 되어 있어."

비슷한 성향의 남자들과 살고 있는 여자들 간의
동지 의식이 존재하니 아들에 대한 어머니의 집착 혹은
지나친 애정만 빠지면 세상 모든 며느리와 시어머니는
정말 좋은 친구가 될 수도 있겠다는 생각을 하게 된다.

핑크빛 프렌치 키스가
달콤한 80대 노부부

그의 조부모님께서는 영국의 작은 마을에 살고 계셨다. 80대의 연세에도 안방은 핫 핑크의 벽에 아기자기한 소품과 레이스 천국이었다. 지극히 할머니의 취향으로 꾸며진 집에 할아버지가 얹혀 사는 분위기였다. 레스토랑에서도 할아버지는 애피타이저부터 디저트까지 할머니가 고른 음식을 드셨고 심지어 화장실을 가고 잠자리에 드는 타이밍도 할머니가 정하신 대로 움직이셨다.

"여자 말을 들으면 세상이 편해져."라고 항상 말씀하셨던 할아버지. 남편은 할아버지께서 어느 날부터인가 생각할 의지를 놓으신 것 같다고, 도대체 이해할 수 없다고 말했지만 내 눈에는 극진한 애처가로 보였다. 속이 환히 비치는 망사원피스를 입고 손녀네 집 거실에서 프렌치 키스를 하시다 들켰을 때도 손녀로부터 징그럽게 뭐 하는 거냐며 온갖 핀잔을 들으셨지만 내게는 역시 최고의 로맨티스트 부부셨다.

우리가 도착하기 몇 시간 전부터 소파에 나란히 앉아 손을 잡고 창문만 응시하고 계시던 두 분은 실은 옆집에 인도 출신 젊은 부부가 이사를 와서 인사를 해도 노골적으로 고개를 돌리시던 영국의 백인우월주의와 인종차별주의의 표본이셨다. 어쩜 그 업보로 아시아계 손자며느리를 보시게 됐는지도 모르겠다. 하지만 단단한 검은 모발에 아담하고 마른 손자며느리가 신기하고 예쁘셨는지 늘 두 분 사이에 앉혀 놓고 지그시 바라보시고 어루만져 주시곤 하셨다.

결혼을 하고 두 분을 뵐 때마다 나는 늘 한탄을 하곤 했다. 나의 로망이자 이상적인 남편 스타일인 다정하고 가정적인 할아버지 밑에서 어쩜 이렇게 고집 세고 무뚝뚝한 손자가 나왔을까. 그런데 시간이 그리 많이 지나지 않아 들려오는 남편의 말에 나는 내 귀를 의심했다.

"나 지금 화장실 갈까, 아님 이따가 갈까?"
"지금 자기가 그렇게도 싫어했던 할아버지처럼,
나에게 화장실 갈 타이밍을 허락받길 원하는 거야? 진심으로?"

처음에는 그저 장난이라고 생각했었지만 남편은 그렇게 서서히 할아버지 모습을 닮아가고 있었다. 피는 어쩔 수 없이 물보다 진한가 보다. 모든 건 기다리면 되는 일이었던 거다.

가족이라는

"안니하세요!" 서양인 이모부의 어눌한 한국어 발음에 늘 까무러치게 웃는 나의 조카들. 볶음밥과 탕수육을 쓱싹쓱싹 만들어주는 동양인 외숙모를 가지게 된 그의 조카. 그렇게 그들은 '가족'이라는 이름으로 만났다. 처음 만났을 때만 해도 서로 놀이문화도 다르고 말도 잘 통하지 않아서 어색한 시간을 보냈지만 어느새 훌쩍 커서 십 대 중반을 넘긴 아이들은 자기네들만의 대화와 공감대가 만들어진 듯하다.

야외 카페에서 아이스커피를 마시며 아이들이 노는 모습을 시어머니와 함께 바라보고 있었다. 다른 문화에서 태어났지만 우리 부부 못지 않게 특별한 인연을 누리는 아이들이 앞으로도 서로의 인생을 풍요롭게 만들며 함께 성장했으면 하는 바람을 갖는다.

우연한 인연

아이들이 성장하면서 보여주는

이런저런 닮은 모습, 다른 모습들을 지켜보며

그도 나도 서로 다른 문화에 대해 새롭게 배우고

이해할 수 있는 계기가 되기도 한다.

그렇게 우리 둘뿐만이 아니라

양쪽 가족들 역시 '가족'이라는 울타리 안에서

잘 알지 못하는 서로의 나라에 대해

관심과 흥미를 갖게 되고 인연을 맺게 되는

신기한 경험을 하게 된다.

무예타이가 알려준 삶

육체적인 도전과 한계를 넘어서는 경험. 이런 건 올림픽을 목표로 하는 운동선수들이나 하는 건 줄 알았었다. 12주 동안 푸켓에서의 무예타이. 오로지 무예타이만을 위해 캠프 근처 리조트에 숙소를 잡고 매일 아침과 저녁 매 2~3시간에 걸친 훈련을 하였다. 가만히 있어도 땀이 흐르는 습하고 더운 날씨 속에서 구령에 맞춰 잽, 원, 투, 옆차기, 앞차기를 쉼 없이 하다가 잠시라도 다른 생각으로 멈칫하거나 엇박자가 나면 그 틈에 코치의 공격이 바로 들어오기 때문에 매 순간 집중 또 집중을 해야 했다.

수십 명의 사람들이 맨발로 훈련을 하고 있는 그곳의 바닥은 수시로 걸레질만 계속하는 직원이 있음에도 누군가가 물을 쏟아 놓은 것처럼 땀으로 흥건했다. 처음에는 이 비위생적인 환경에 에어컨도 없이 개방된 야생의 훈련 캠프에서 다른 이의 땀이 내 몸에 닿을까 봐 까치발로 여기저기를 피해 다녔다. 하지만 라운드 중간마다 푸시업 20개를 채우며 스파링 5라운드를 모두 끝내면 숨이 목 끝까지 차오르고 다리에 힘이 풀려 너 땀 내 땀 뒤섞인 바닥에 드러누워 숨을 헐떡이곤 했다. 그리고 그렇게 백지상태가 되어 숨을 고르다 눈이 마주친 옆 사람과 나누는 미소는 세상에서 가장 순수한 것이었다. 그 어떤 꾸밈도 가식도 없이 모든 것을 다 내뱉고 내려놓은 그런 순수함을 매일같이 경험했다.

전 세계에서 모여든 다양한 사람들이 그곳에 있었다. 지중해를 떠다니는 크루즈 직원인 마크는 긴 항해가 끝나면 객실의 손님들을 위해 살았던 시간을 보상받기 위해 언제나 이곳에 와서 6개월 남짓 오롯이 자기만의 시간을 갖는다고 했다. 리차드는 원했던 직장에 일을 잡고 본격적인 출근을 하기 전 어머니와 함께 와서 특별한 시간을 보내고 있다고 했다. 배낭 여행 중 몇 주를 이곳에서 머물다 떠나는 사람들도 많았고 짧은 휴가 동안 색다른 경험을 위해 친구나 연인과 함께 방문하는 이들도 있었다. 그 안에서는 자기가 캠프 밖에서 얼마나 중요한 사람인지, 얼마나 대단한 것을 소유하고 있는지 이야기하는 사람도 들어주는 사람도 없었다. 지난 시간 동안 우리에게 그토록 중요했던 학력과 직장에서의 타이틀, 수입은 얼마이고 세계 어디를 여행했으며 어떤 집에서 어떤 걸 갖추고 사는지 어느 브랜드의 옷을 입고 얼마나 좋은 레스토랑을 다니는지 등은 아무것도 아닌 것이 되었다.

오로지 한계에 달하는 육체적인 도전만이 모두의 관심사였고 오늘 나는 어제보다 얼마나 더 과감한 펀치와 킥을 날렸는지가 중요했다. 훈련장 안의 우리 모두에게는 매일 세척하고 소독된 깨끗한 운동복과 보호대 그리고 오늘 훈련을 감당해 낼 수 있는 정신 무장만이 필요했다.

격한 운동이 쉼 없이 연속되는 일상에서 우리는
매일 같은 질문들을 스스로에게 던지고 있었다.
인생에서 정말 중요한 것은 무엇일까?
무엇을 좇고 무엇을 향해 가야 하는 걸까?
살면서 중요하게 생각했던 아주 많은 것들이 한 발 떨어져서 보니
아무것도 아닐 수 있음을 어렴풋이 깨닫고 있었다.

지칠 때 서로 이끌어주고 포기하고 싶을 때 자극이 되어주며 12주를 마친 우리 부부에게는 감히 전우애와 비교할 만한 어떤 끈끈한 의리가 생겼다. 그의 버킷리스트 중 하나를 함께하며 나만의 방식으로 큰 응원을 보냈고 함께 즐기고 공감할 수 있는 영역이 넓어졌다는 것만으로도 우리 부부에게는 큰 의미가 되었다. 더욱이 '절대로' 나답지 않은 스포츠라고 생각했던 그 운동을 하루도 빠뜨리지 않고 하면서 다시는 이곳에 와서 이런 짓을 하지 않을 거라고, 이번 한 번뿐이라고 매일 맹세를 했었다. 무릎 통증이 심해지고 온몸이 욱신거려 내일 훈련은 못 간다고 밤마다 잠꼬대처럼 시름시름 앓으며 말했지만 해가 뜨고 새벽 5시 반이 되면 어김없이 몸을 일으켜 절뚝거리며 걸으면서도 일단 가서 하는 데까지만 해 보겠다고 했다.

처음에는 '사람들은 왜 이렇게 격한 운동을 하는 걸까?' 이해하지 못했었다. 하지만 내 한계를 넘어섰다고 생각했을 때 의지가 있는 한 한계란 없음을 깨달았다. 이 정도 고통에서 그만둔다면 나는 앞으로도 많은 일들을 이런저런 이유를 대며 포기하고 그만두지 않을까 하는 노파심에서 오는 마음의 각오가 반복되었다. 내 생애 처음으로 도전한 육체적 고통, 그 한계와 수없이 싸우면서 삶에 대한 각오들이 조금 더 단단해졌다. 헛되게 흘려보내지 않고, 가치 있고 중요한 일들에 마음을 두고 사는 삶! 일상으로 돌아온 후 다시 인간관계와 물질 또 더 많은 것들에 욕심을 부리게 될 때마다, 그때 온몸을 적시는 땀 속에서 수없이 마음에 새겼던 삶의 방식과 그 다짐들을 되짚으며 마음을 다잡는다.

그 남자의 취미

남편의 취미는 모터바이크다. 남아공에서는 모터바이크가 통근용으로도 레저스포

츠용으로도 자리를 잘 잡았다. 10대가 된 아들에게 모터바이크를 사 주며 함께 라이

딩 하는 것을 로망으로 삼는 아버지들이 상당히 많을 정도다. 남편도 13살 때 아버

지께 첫 오프로드 모터바이크를 선물 받았고 그것을 시작으로 지금도 주말마다 트랙에 나간다. 내 눈에는 울퉁불퉁한 흙길을 지나치게 빠른 속도로 달리거나 심하게 높게 점핑을 하며 온갖 위험한 행위는 다하는 것처럼 보인다. 그러나 그의 전부라고 해도 과언이 아닐 만큼 남편은 모터바이크를 사랑하기에 아내라는 이유로, 위험하다는 이유로 그의 취미를 반대할 수는 없었다. 그래서 안전을 최우선으로 여기는 그의 마음가짐을 믿기로 했고, 설사 불의의 사고가 생긴다 해도 좋아하는 일을 하다 생긴 일이라면 나는 그를 위해 슬퍼하지 않을 거라고 말했다.

주말 아침이면 신이 나서 부르릉 하며 집을 나서는 그의 뒷모습에 응원을 하고, 라이딩을 마치고 돌아와서는 그날의 가장 멋진 점핑이 어땠는지 세상 제일 환한 표정으로 이야기하는 그의 말에 귀 기울이고 조금 과장되게 리액션도 해준다. 가끔은 함께 트랙에 나가 그의 사진을 찍어 주기도 한다. 트랙을 한 바퀴 돌 때마다 내 앞에 와서 뽐내며 방금 자기의 엄청난 점핑을 봤냐고 묻는 그를 보면 13살 때와 달라진 게 뭐가 있을까, 웃음을 짓게 된다.

세상 그 어떤 것으로도 이만큼의 자유로움과 해방감을 느낄 수 없다는 그에게, 그 취미를 누리기 위해 평소에는 누구보다 열심히 사는 그에게, 자기가 어떤 것을 할 때 가장 행복한지 아는 그에게, 나는 앞으로도 그 어떤 딴지를 걸며 바이크는 위험하니 그만하라고 할 의사가 없다. 그리고 생각한다. 세상 모든 것을 다 걸 만큼 하고 싶은 일이 있다면 무엇이 있을까? 그처럼 열정적으로 사랑하는 취미를 가진다는 것, 정말 행복한 일이고 응원할 일인 것 같다.

결혼

12년 차에

비로소

알게 된

것들

결혼을 앞두고 언니가 그에게 말했다. "No refund." 남편은 가끔씩 언니에게 전화를 걸고 싶어 한다. 환불을 우겨 보고 싶다고, 너무 많은 걸 속은 것 같다고 말이다.

그리고 서울을 떠나 상하이로 이사하던 날, 여동생은 우리 언니를 잘 부탁한다며 그에게 말했다. "Be careful of my sister." 곧바로 짧은 영어로 인한 실수라며 "Take good care of my sister."라고 정정했지만 남편은 지금도 두고두고 그 이야기를 한다. "동생이 실수인 듯 이야기했지만 그 말엔 진심이 담겨 있었던 거야, 난 너를 조심했어야 했어!!!"

지겹도록 싸우면서도 어느새 우리는 결혼 12년 차가 되었다. 이혼을 결심하며 싸우던 어느 날, 이렇게 싸우고 또 싸우는 데도 끝내 이혼까지는 못 가는 우리 둘의 모습에 우리는 평생을 이렇게 헤어지지 못할 것 같다는 예감이 확신에 다다르고 있었다. 그리고 헤어지지 못하고 살 거라면 이렇게 지겹게 싸우고 서로를 고치려는 게 무슨 소용이 있을까 싶었다. 이후로도 다툼이 완전히 없어지지는 않았지만 이제는 다툼의 현장에서 감정을 낭비하면서까지 진심을 다해 싸우진 않는다. 결국 하루 이틀 내로 풀어질 것을 아니까, 절대 이 일로 헤어지지는 않을 테니까. 이 순간의 감정에 휘둘리지 말아야 한다는 것을 이제서야 깨우친 게다.

우리끼리만 공유하는 추억과 웃음, 익숙해진 서로의 습관과 버릇들과 함께 어느새 12년 차 부부가 되었다. 헤어롤을 말고 페이스마스크를 붙인 모습이 몹시 매력적이라며 비아냥거려도 꼭 그 모습으로 퇴근하는 남편을 맞는 여자. 제발 방귀는 이불 밖으로 뀌라고 호통을 쳐도 늘 이불 속에서 조용히 뀌고 큭큭 웃는 남자. 부부니까 봐주고 부부니까 웃어넘기며 서로를 부둥켜안고 살아간다.

타지에서 살아간다는 것

외로움이 전제된 이방인의 삶. 씩씩하게 잘 살고 있다가도 문득문득 내가 살던 곳, 내 가족과 내 친구들이 사무치게 그리울 때면 깊은 한숨 내쉬며 마음을 달래곤 한다. 내가 태어나고 자란, 나의 가족과 친구가 있는 한국은 언제나 간절히 그립고 언제나 달려갈 준비가 되어 있는 내 평생의 home이다.

생소하고 어색했지만 낯설게 시작된 곳에 보금자리를 틀고 매해 뿌리가 더욱 깊어지는 꽃나무를 가꾸며 이 아름다운 나라가 더 많은 미래의 희망으로 넘치길 소망하며 나는 이제 남아공을 또 다른 나의 home이라 부른다. 어쩌다 나는 멀고도 먼 이 아프리카에서 그리움이라는 감정이 늘 그림자처럼 따라다니는 그런 삶을 살게 되었나 생각해 보곤 한다. 삶이라는 건 늘 그렇게 알 수 없는 방향으로 흘러가고 또 살아지는 것. 내가 할 수 있는 건 그리운 사람들을 마음에 품고 언젠가 올 그들과의 달콤한 시간들을 고대하며 오늘 하루를 씩씩하게 살아내는 것이다.

입국장에서 그리워하는 한국

공항은 언제나 나를 눈물짓게 한다. 가족이나 친구들과 멀리 떨어져 사는 이들에게 공항은 만남의 설렘을 주는 세상에서 가장 기쁜 공간일 수도 있겠지만 또다시 찾아오는 이별의 순간도 감당해야 하는 슬픈 공간이기도 하다. 그래서 나는 입국장에서도 슬픈 감정에 먼저 빠져든다. 나보다 먼저 가족을 만나 서로 껴안고 반가워하는 다른 이들의 모습만 봐도 눈물이 주르륵 흐른다.

내가 선택한 외국 생활이고, 나의 또 다른 삶과 꿈이 있는 곳이라 해도 가끔씩 그리움과 외로움에 사무치는 것은 어쩔 수 없는 일이다. 하루하루 견딜 만해지곤 하지만 가족과 친구 그리고 한국이 아주 많이 그리울 때가 있다. 길거리 떡볶이나 배달 짜장면보다 내가 만든 것이 분명 더 맛있는 데도 그것이 온전치 않게 느껴지는 게 외국에서의 삶이다. 다시 한국을 가게 되면 불친절한 택시 기사 아저씨에게도, 내 팔을 툭 치고 지나가는 어느 행인에게도 절대 짜증이 나지 않을 것 같다. 그마저도 모두 내가 그리워했던 그곳의 일부일 테니까.

입국장으로 들어서는 동생과 친구에게서 한국의 세련됨이 넘쳐난다. 피부에서는 광채가 나고 웨이브 진 머리를 보니 또 뭔가 새로운 기술이 나왔나 보다. 옷이며 신발, 가방도 어쩜 그리 새롭고 예뻐 보이는지. 외국 생활 십수 년 차에 주근깨와 기미를 가릴 수 없어 촌스러운 여자가 되어가는 나는 그녀들의 모습을 위아래로 살펴보며 구경하느라 정신이 없다.

나를 위로하는
아프리카의 풍경

유학과 주재원 생활을 한 미국과 중국에서의 생활이나 인간관계에는 좀 더 가벼움
이 있었다. 언젠가는 떠날 거라는 시간적 한계가 분명했기에 더 즐기고 누리는 데
집중했었다. 하지만 아프리카에 정착하면서는 상황이 좀 달라졌다.

남편의 가족과 친구, 직장 동료 등 그의 영역을 벗어나 나만의 친구와 위안이 될 만
한 모든 것들을 완비해야 한다는 스스로의 압박에 눌려 있곤 했다. 그러다 보니 스
쳐 지나갈 인연들에까지 공을 들이고 마음을 주어 상처를 받기도 했고 나와 모든 것
을 공유하고 공감할 수 있는 가족과 베프의 자리를 급하게 누군가로 대체하려고 무
리하는 바람에 큰 오류를 범하기도 했다. 내 주변에 빈 공간이 없도록 단단히 채워
야 미래에 찾아올지도 모를 공허함과 외로움을 대비할 수 있다고 믿었었다.

하지만 홀로 장거리 운전을 하며 마주한 아프리카 풍경 속에서 나는 뜻밖의 위안을
받고 있었다. 좋아하는 음악을 들으며 이런저런 생각을 하던 중에 파노라마처럼 스
쳐 지나가는 풍경들은 때로는 너무 감동스럽고 때로는 코끝을 찡하게 했다. 그 벅찬
마음을 심호흡으로 달래며 혼자 설레고 있었다. 그렇게 나는 아프리카 풍경 속에서
위로 받는 법을 배우고 있었고 삶은 내가 기대하지 않았던 곳에서 또 다른 해결책을
제시해주었다.

마음이 몹시 외로울 때는 가장 아프리카다운 풍경이 있는 곳으로 잠시 드라이브를 다녀온다. 이렇게 아름다운 곳에 있으니 이만큼의 외로움과 그리움은 감수해야 한다고, 그리고 이 풍경을 사랑하는 이들에게 선사할 날들을 기약하며 그렇게 마음을 달랜다.

아프리카로 온 한복

아프리카행을 결정하고 가장 먼저 들어간 미션은 이영희 선생님의 한복이었다. 기모노와 치파오가 국적을 망라하고 사랑을 받는 것처럼 한복도 충분히 그럴 만큼 아름답다고 생각했다. 하지만 남편의 한복에 대한 개인 평은 충격적이었다. "몸의 라인을 가늠할 수 없는 한복은 우아할지는 모르지만 섹시하지는 않아." 무슨 이런 말도 안 되는 소리가 있나했지만 그렇게 바라볼 수도 있겠다는 생각도 들었다.

그래서 나는 노출이 있는 파격적인 한복까지는 아니지만 지나치게 절제하지 않으면서도 충분히 세련되고 아름다운, 그래서 다양한 국적의 사람들이 모이는 자리에서 빛을 발할수 있는 한복을 이영희 선생님께 부탁을 드렸고 그렇게 나만의 한복이 완성되었다. 당시 선생님께서 "허리의 여신"이라고 불러주실 만큼 잘록했던 나의 허리 라인을 잘 살린 우아한 한복을 고이 모셔 와 아프리카 나의 옷장 속에 걸어 놓고 언제나 들여다보고 어루만진다. 언제고 귀하게 한국의미를 뽐낼 날들을 위해 상시 대기 중이다.

보너스 인생

아프리카 정착을 앞두고 홍콩에서 조벅으로 오던 비행 중에 홍콩으로 되돌아가는 사고가 있었다. 연료 과열로 한쪽 엔진이 멈췄고 1시간 후면 홍콩 공항에 비상착륙을 할 것이라는 기장의 방송이 있었다. 엔진 소음은 점점 더 크게 들리기 시작했고 한쪽 엔진에서 연기가 조금씩 나고 있다는 기장의 방송이 더해지니 비행기가 조금만 들썩거려도 눈을 질끈 감고 마음을 쓰다듬어야 했다. 비행기 안은 적막이 흘렀고 모두 안전벨트에 의지해 바짝 긴장한 상태였다. 너무 피곤하고 힘든 새벽 4시였지만 더 많은 불평을 할 수 없었던 것은 아마도 얼마나 최악의 상황이 될지 가늠할 수 없었기 때문이었다.

그때 나에게는 두 가지 생각이 떠올랐다. 첫째는 행여 잘못될 경우 가족들이 부디 너무 많이 슬퍼하지 않았으면 하는 생각, 나는 많은 것을 보고 경험하고 가는 것이라 괜찮으니 좋은 생각을 더 많이 해 줬으면 하는 거였다. 둘째는 사람의 목숨이 이렇게 한낱 운명의 엇갈림 같은 것인데 무사히 목적지에 도착할 수 있다면 앞으로의 아프리카 삶은 내 인생에 주어지는 큰 보너스로 여기고 살아야겠다는 다짐이었다.

다행히도 무사히 홍콩 공항에 착륙했고 스산한 새벽의 공항 한쪽에서 쪽잠을 자고 나서 다시 조벅행 비행기를 탔다. 예정보다 10시간이나 늦게 목적지에 도착했지만 누구 하나 목청 높여 불평하거나 성을 내지 않았다. 부득이한 사고로 도착이 지연된 것을 사과한다는 기장의 방송에 기내 모든 이들은 박수를 치며 서로를 위로했고 옆 사람의 가방을 내려주고 먼저 나가라고 양보하는 훈훈함만이 있었다.

그렇게 나의 아프리카 삶은 무사히 시작되었다.
그때의 마음처럼 내게 주어진 이 보너스 같은 삶을
헛되이 만들지 않기 위해 나는 더 감사해하고 더 나누며
더 즐겁게 살아야겠다 새록새록 다짐을 한다.

나의
소중한
인연들

사람들과 인연을 맺는 게 참 편하고 쉬웠던 그때에는 몰랐었다. 인연을 만나는 것이 얼마나 어려운 일인지. 난 아무것도 하지 않고 있었는데 나라는 사람과 나의 작은 행동 하나에 호감을 가지고 다가와주던 사람들. 내가 스스럼없이 다가갔을 때 기다렸다는 듯이 마음을 열어주는 사람들. 예전에는 그게 참 쉽고 아무렇지 않았었다.

초등학교 시절 나이 차이가 많이 나는 큰 고모네 사촌 언니들이 주말이면 직장에서 퇴근을 하고 우리 집에 자주 놀러 왔었다. 나는 좁은 골목에서 들리는 구두 발자국 소리가 우리 집 대문 앞에서 멈추길 귀 기울이며 언니들을 기다렸다. 그리고 언니들을 조금이라도 더 붙잡아두려고 언니들이 벗어 놓은 구두를 늘 어딘가에 숨겨 놓곤 했었다. 숨바꼭질을 하듯 언니들이 구두를 찾으러 다니는 그 짧은 시간마저도 간절했던 것 같다. 그리고 보면 나는 유난히 어릴 적부터 사람들로 복작이는 걸 좋아했었다. 지금도 누군가 집에 놀러 오면 자고 가라고 부탁을 한다.

인당 면적이 한국의 열 배는 되는 남아공에서 그런 복작임을 찾기는 힘들다.

꽃들이 만발하는 나의 정원에서 지금 문득 떠오르는 사람들과

소란스럽게 수다를 나누고 싶은 날.

오늘은 오롯이 혼자서 빈자리를 채워볼까 한다.

그리고 나는 늘 인복이 많은 사람이구나, 그런 생각을 가능케 해 주었던

그 수많았던 인연들에 감사하는 마음을 더해 본다.

My Romantic Africa

Chapter 02

새로운 아프리카와 만나다

My African Everyday

Africa

01

모던 아프리카

──────────

'아프리카' 하면 여전히 많은 사람들은 허허벌판에 초가지
붕이나 황토 움막을 떠올리고 식량 부족, 높은 문맹률 등
의 문제를 가진 가난한 곳이라고만 생각한다. 하지만 오랜
기간 문명화에 노출되어 온 남아공은 유럽 어느 국가 못지
않은 세련된 모던함을 경험할 수 있는 아프리카 나라 중
하나이다.

──────────

CHAPTER 02

무
지
개
나
라

다양한 민족, 언어, 문화가 조화를 이루고 있어 '무지개 나라*Rainbow Nation*'로 불리는 남아공. 다채로운 서양 음식에 아시아, 중동은 물론 아프리카 각지의 음식까지 더해져 식도락 여행지로도 매력이 넘친다.

대중적으로 인기가 많은 이탈리안 레스토랑에 스시 메뉴가 있는 것이 보편화되었고 간장, 참기름은 물론 고추장, 라면과 같은 한국 제품들을 현지 마켓에서 어렵지 않게 구할 수 있다. 대부분의 레스토랑에서는 청양고추처럼 매운 청홍고추와 마늘을 잘게 다져 각각 올리브오일에 절여서 내주니 여행지에서의 낯선 음식도 한국인의 입맛에 제법 맞게 먹을 수 있다. 세계에서 인도 다음으로 인도인이 많이 거주한다는 남아공의 해안 도시 더반*Durban*의 영향으로 커리 본고장의 맛을 선사하는 정통 인도 음식점들 역시 남아공 곳곳에서 찾아볼 수 있다. 또한 남아공 고기는 질이 좋기로 유명해서 남아공 여행에서 맛본 스테이크는 두고두고 생각날 만한 것이 된다.

레스토랑의 인테리어마다 스며든 다국적 문화의
디테일을 구경하는 재미도 쏠쏠하다.
인종분리정책이라는 슬프고 부끄러운 과거 역사의 상처가
아직 아물지는 않았지만 다양한 피부색의 사람들이
남아공인임을 자랑스럽게 생각하며 함께 어우러져 살아가고 있는 곳.
남아공이 가지고 있는 무한한 잠재력 중 하나임이 분명하다.

유령도시의
변신

조벅 브람폰테인*Braamfontein*은 악명 높은 유령도시*Ghost Town*
였다. 20년 전 인종분리정책이 폐지되면서 활기찼던 상권 개
발이 멈추고 범죄와 사회 문제들로 많은 기업들이 떠나면서
버려진 곳이 되었다. 최근에 조벅 시와 대기업들이 이곳의 도
시 재개발에 뛰어들면서 콜센터와 같이 규모가 큰 기업들이
다시 돌아오고 교육, 문화, 엔터테인먼트, 아트 허브로 제2의
르네상스 시기를 맞고 있다. 이제 조벅에서 핫한 곳을 꼽으라
면 브람폰테인에 위치한 다양한 레스토랑이나 카페가 리스트
에 오를 정도로 트렌디하고 유니크한 장소들이 많아졌다. 이
는 다시 도심으로 많은 젊은이들을 모여들게 하였고 더 많은
거리 문화가 절실한 조벅에서 이런 변화는 매우 반갑고 신나
는 일이다.

세련된
식도락의
나라

수준 높은 파인다이닝을 갖춘 와이너리가 수없이 포진해 있는
남아공. 아프리카의 야생적인 자연 안에서 넘치는 에너지를
가득 머금은 포도들로 만들어진 멋진 와인들 덕분에 대낮부터
와인과 함께하는 식사가 매우 자연스러운 사람들. 그런 이유
로 많은 와이너리 파인다이닝 레스토랑에서는 한 테이블에 예
약을 하나 이상 받지 않는다. 그날 미리 예약을 하지 않고 간

우리는 일찍 떠난 누군가의 명당자리 테이블을 운 좋게 받았다. 와인을 마시며 오후를 보내다 보니 아름다운 자연과 어우러진 삶이야말로 가장 수준 높은 삶이 아닐까라는 생각이 들었다. 세계적으로 인정받고 있는 남아공 와인들과 예술 같은 음식들, 이 세련되고 모던한 식도락 여행을 함께 누리고픈 사람들이 생각나 마음이 들썩인다. 시원하게 칠링이 된 백포도주를 한 모금 마시며 아프리카의 햇살과 공기와 풍경을 모두 머금은 그 한 잔 속의 시간과 노고에 Cheers!

최근 남아공에서는 '슬로우 라이프'나 '푸드마일리지 제로'와 같은 가치가 자연스럽게 일상으로 스며들고 있다. 포도나 올리브가 주 종목인 농장들은 'Home grown, Home made'를 모토로 키친가든이 있는 레스토랑과 카페를 운영하며 그곳에서 수확한 식재료로 완성한 요리들을 선사해준다. 마구간이나 농가를 개조한 인테리어는 화려하지 않지만 그들만의 내공과 자신감이 느껴진다. 그렇게 아프리카의 소박하고 순수한 아름다움이 묻어나는 곳에서 사람들은 마음을 빼앗기고 사랑에 빠진다.

자연이
모티브가 된
모던
인테리어

모던한 인테리어가 극적으로 잘 어울리는 곳으로 아프리카

만한 곳이 있을까. 회색빛 도시 속 고층 건물에 들어선 모던

한 인테리어는 맥락상 어쩐지 당연한 듯싶은데, 아프리카의

거대하고 거친 자연 속 심플하게 연출된 모던 인테리어는 강

렬한 대조의 효과로 더욱 근사하게 느껴진다.

자연을 모티브로 한 휴식이 되는 인테리어.

지치고 힘들 때 우리가 자연을 찾듯

자연이 모티브가 된 모던 인테리어 안에서도

진정한 휴식을 누린다.

아프리카
현대미술

눈에 띄게 진보하고 있는 아프리카 현대미술에는 한국과 비슷한 '한'의 정서가 있다. 외세의 파워 게임에 치이고 자기 부족과 마을에서 끌려 나와 유럽 각지에 노예로 팔려 가는가하면 무능력하고 부패한 지도자들의 이기적인 욕심으로 인해 나라에 대한 기대나 희망도 가질 수 없었던 힘든 역사들이 거기에 고스란히 담겨 있다. 과거는 이미 벌어진 일이라고 해도 아직까지 흑인과 아프리카에 대한 우리의 단편적인 선입견이 사라지지 않은 걸 보면 어쩌면 우리도 가해자의 일부임을 부정할 수 없는 건 아닐까 생각한다.

아프리카의 역사를 알게 될수록 그들이 예술을 통해 전하려는 메시지에 주의를 기울이게 된다. 때로는 우스꽝스럽고 기괴하며 거칠게 보이는 이미지 속에서 그들의 역사와 그 안에 담긴 억압, 불평등, 핍박의 시련과 고통을 목격하게 된다. 이곳의 많은 젊은이들이 미래를 바라보며 꿈을 꾸고 희망을 가질 수 있었으면 좋겠다. 그런 의미에서 예술을 통해 그들이 세계를 향해 던지는 메시지가 더 많은 이들에게 전해지기를 소망한다.

애도의 물결
가득했던

넬슨 만델라의
서거

2013년 12월 5일, 그날은 남아공 전체가 슬픔에 잠겼다. 나와 내 가족만 생각하는 좁은 시야에서 벗어나 인류의 평등과 인권에 대한 깨우침과 반성을 안겨주었던 진정한 위인. 경쟁자와 적을 뛰어넘어 다른 사람에 대한 마음가짐과 나 자신을 통제하고 다스리는 법을 몸소 실천하고 보여준 전설적인 인물. 수많은 수식어로도 부족한 넬슨 만델라의 서거 소식이 전해졌던 날이었다.

그가 있었기에 남아공은 더 빛나고 아름다웠다. 그리고 그렇게 대단한 위인과 동시대를 함께할 수 있었음에 감사했다. 위대한 지도자를 누렸던 행운의 나라, 남아공에 살고 있다는 것이 조금 더 격하게 감동스러웠던 순간이었다. 만델라의 바람처럼 아프리카가 앞으로도 더 아름답고 평화로운 곳으로 발전해 나가기를 바라며 정원에서 거둔 꽃들로 부케를 만들어 추모광장으로 향했다.

During my lifetime, I have fought against white domination,

and I have fought against black domination.

I have cherished the ideal of a democratic and free society in which

all persons live together in harmony and with equal opportunities.

나는 일생을 다 바쳐 백인의 통치에 대항해 싸웠습니다.

그리고 흑인의 통치에 대항해 싸웠습니다. 나는 모두가 조화와 평등한 기회를

누리며 사는 민주주의와 자유가 허락된 사회를 소중히 여깁니다.

02

닮은 듯 다른 듯
아프리카 삶

───────

어딜 가나 사람 사는 곳은 다 비슷하다는 생각을 하다가도
남아공에서의 새롭고 낯선 삶의 방식들에 문득 한국이 아
닌 머나먼 아프리카에서 살고 있음을 깨닫곤 한다.

───────

My
Romantic
Africa

삶을 즐기는
방식,

파티

남아공에서는 집으로 가족이나 친구들을 불러들여 함께 식사하고
모임을 갖는 일이 흔하다. 그래서 집 앞 도로에 차량이 가득한 날
은 이웃 누군가의 집에서 파티가 있음을 짐작하게 된다. 한국에서
집에 누군가를 초대한다는 것은 꽤 부담스러운 일이다. 손님이 아
쉬워하지 않을 만큼 진수성찬을 차려내야 한다는 은근한 부담이
있기 때문이다. 하지만 이곳 사람들은 대단한 상차림을 기대하지
않는다. 각자 들고 온 음료를 마시며 함께하는 그 시간 자체를 즐
긴다. 한국 사람들이 봤다면 손님 대접이 시원찮다고 한마디 했을
지도 모르겠지만 그만큼 부담을 덜어낸 덕분에 사람들을 초대하
는 파티 문화가 자연스럽게 정착했는지도 모르겠다.

이제는 나도 이런 소소한 파티를 제법 즐기게 되었지만 햇살 아래 와인 한잔을 소박하게 즐길 줄 아는 그들의 모습은 여전히 새롭고 신선하다. 파스타에 샐러드 그리고 손님이 구워 온 케이크로 간단한 식사를 하며 휴일 오후를 친구들과 단란하게 보낸다. 내가 좋아하는 남아공 와이너리 바빌론스토렌Babylonstoren의 청량한 로제가 햇살을 정면으로 마주하기에 부담 없는 한겨울의 휴일 오후와 근사하게 잘 어울린다.

가끔은 테마 파티를 즐기기도 한다. 맞벌이로 일을 하고 아이를 돌보느라 번거롭기도 할 텐데 늘 시간을 내서 의상을 구입하고 분장과 소품까지 완벽하게 챙기는 친구들을 보면 참 대단하다 싶다. 디스코, 카우보이&카우걸, 사파리, 가면 컨셉 등 다양한 테마 파티를 집에서 해내는 사람들이 처음에는 그저 신기했는데 하나둘 쌓인 이색적인 파티의 추억들은 시간이 지나도 선명하게 기억에 남는다. 삶의 멋을 누리고 추억을 남기는 방식을 지금도 그들에게 배워가는 중이다.

브라이의 나라

식탁에 앉아서 숯불에 삼겹살이나 소고기를 구워 먹는 우리나라도 대단하지만 아침, 점심, 저녁 언제나 불을 피우고 브라이*Braai: 아프리칸스어, 바비큐*를 하는 게 어색하지 않은 나라가 있으니 바로 남아공이다. 남아공에서 브라이를 할 때에는 엄격한 룰이 있다. 모임마다 브라이에 연륜이 있는 한 사람이 그릴에 고기를 올리고 뒤집기를 전담하는데 이 브라이캡틴 외에는 절대로 이 사람 저 사람이 함께 고기를 뒤적거리지 않는다.

주문하자마자 바로 숯불 위에서 잘 익은 고기를 5분 안에 입에 넣고 맛볼 수 있는 우리나라 사람들에게는 느려도 너무 느린 이 나라 사람들의 바비큐 속도. 장작을 쌓아 불을 지피고 고기 굽기에 좋은 숯이 되기까지 최소 3시간은 기본으로 걸리니 말이다. 브라이캡틴이 고기가 익는 순서에 따라 닭고기 돼지고기 소고기를 올리는 전략적인 배치가 끝나면 이제 고기를 한 번씩 뒤집어주는데 뒤집기 한 번 성공할 때마다 환호가 엄청나다. 쉽지 않은 걸 해냈다며 모두들 엄지 척을 하는데 젓가락질부터 집게에 가위질까지 능숙한 한국 사람 눈에는 그런 반응들이 의아하기만 하다.

'도대체 뭐가 어렵다는 거지?' 궁금증에 내가 한번 뒤집어 보겠다며 가장 고난이도의 돌돌 말린 보로보스 *Boerewors: 남아공의 대표적인 소시지 음식*를 콕 집어 말했다. 형태가 일그러지는 걸 엄청 싫어하는 이 사람들, 현지인 아닌 사람이 호기심으로 해 보겠다니 껄껄 웃으며 "한번 해 봐." 한다. 모두가 지켜보는 가운데 나는 밑에서부터 소시지를 들어 올려 단번에 한 치의 오차도 흐트러짐도 없이 뒤집어 놓았다. "쉽네!"라는 나의 말이 떨어지기 무섭게 "너 바비큐의 나라에서 왔잖아!" 모두가 입을 맞춘 듯 말한다. 이런 맥락도 없이 우기는 사람들 같으니라고.

육류를 많이 먹는 남아공답게 이런저런 고기들로 푸짐한 저녁식사가 시작된다.
다양한 고기를 맛볼 수 있음에 감탄하고 있을 때 옆에 있던 아이가
소고기, 닭고기, 양고기, 돼지고기, 타조고기, 스프링복고기처럼
늘 먹는 고기 말고 뭔가 새로운 고기는 없느냐고 엄마에게 묻는다.
하하하. 정말 세상은 보는 관점에 따라 이토록 다를 수 있는 거구나!

휴식과
여유가 있는 삶

부활절 주말을 맞아 남아공은 금요일부터 월요일까지 공휴일이지만 도시는 이미 수요일부터 정상 운영되지 않았다. 전쟁이라도 앞둔 것처럼 식료품점의 진열대들은 이미 텅텅 비어 있었고 당시 남아공을 방문 중이었던 나는 주말 여행 동안 30인분의 탕수육과 볶음밥, 해물파전을 만들어주겠다고 친구들에게 선언해 놓은 상태였는데 재료 구하기가 만만치 않아 난관에 처했다. 그 흔하던 기코만 간장과 옥수수전분은 다 어디 갔는지!!! 몇 군데를 돌면서 겨우 재료들을 구하기는 했지만 긴장감 백배의 장보기였다.

모두가 어딘가로 떠나는 황금연휴, 지난 금요일은 세계인권일이라 쉬었고 이번 주 부활절 연휴에 이어 다음 주에도 휴일이 있으니 3주 연속 휴가 분위기다. "아니, 잘 사는 나라도 아니면서 러시아워는 3시에 시작되고 주 중 하루만 휴일이 생겨도 다들 이렇게 확 놀아 버리면 경제는 언제 발전해? 좀 더 열심히 일해야 하는 거 아냐? 저녁이나 주말에도 일거리를 찾아서 한 푼이라도 더 벌 궁리를 해야 하는 거 아냐? 게다가 이 넓은 땅에 건물을 짓든 농사를 짓든 하지 않고 왜 다 놀려?"

남들보다 더 열심히 사는 것을 생존의 방식으로 배운 한국적 시선으로는 이 나라 사람들이 몹시 가난하고 게으르며 안쓰러워 보이는지도 모르겠다. 막상 말은 그리 내뱉었지만 휴식을 포기하며 쉼 없이 일해서 높은 GDP 수치를 성취한 한국은 그래서 과연 이들보다 더 행복한가 고민하지 않을 수 없는 문제였다. 치열한 경쟁으로 언제나 깨어 있는 한국, 24시간 무엇이든 편리하게 이용할 수 있어서 살기 좋다고들 하지만 그래서 모두가 전쟁을 치르듯 숨 가쁘게 살아내고 있는 건 아닌지. 과연 우리는 그 안에서 진정한 성취와 행복과 보람을 느끼며 사는지 고민해 본다.

아침에는 일터에 가고 해가 지면 집에서 휴식을 취한다. 잘사는 사람이건 못사는 사람이건 주말과 휴일 그리고 연휴에는 휴식이 보장되고 가족들과 시간을 보낸다. 남들보다 더 바쁘게 치열하게 살아야 한다는 강박관념은 애초에 이들에게는 없는 건가 싶다. GDP 목표치를 달성하기 위해서 우리가 숨 가쁘게 달려온 그 방식을 들이대며 그들도 그래야 한다고 우길 수 있는지 곰곰이 생각해 보게 된다.

한여름의 ——— 크리스마스

선물을 주고받으며 새해 덕담도 나누고 신나는 음악에 와인을 마시며 춤을 추고 아이들은 수영을 하며 노는 남아공의 크리스마스. 12월에 들어서면 이미 상점들은 세일을 시작하고 축제 분위기로 거리는 술렁인다. 가장 거대한 명절 중의 명절을 맞아 식료품점에는 칠면조, 햄, 다양한 가니쉬, 디저트, 크리스마스 선물용 제품들이 가득하다. 다만 한 가지 부족한 것이 있다면 바로 눈이다. 남아공에서 하얀 눈이 내리는 화이트 크리스마스는 대부분의 사람들이 평생 경험하지 못하는 어떤 신비와 환상의 일이다. 화이트 크리스마스를 책이나 영화로만 봤던 아이들은 쇼핑몰 한쪽에서 비눗방울처럼 뿜어져 나오는 몇 가닥의 인조 눈발이 신기한지 그 아래에서 뱅글뱅글 돌며 함박웃음을 터뜨린다. 몇 번의 여름 크리스마스와 연말을 겪었음에도 나는 추위와 눈을 기대할 수 없는 이곳의 크리스마스가 여전히 실감이 나지 않는다.

대신 남아공의 겨울인 7, 8월에는 가끔 서리가 내리기도 하고 산악지대에는 눈이 무릎까지 내리는 곳도 있다. 옷깃을 세우고 무릎까지 올라오는 부츠를 신는 그 계절에 이들은 또다시 크리스마스를 즐긴다. 7월의 크리스마스. 상점마다 크리스마스 세일을 하며 겨울의 크리스마스 느낌을 재현하는 사람들의 설렘이 재미있다.

(03)

피크닉 같은 삶

―――――――

가볍고 가뿐하게. 단출함 속에서 마음의 여유로움을 누리
는 그런 피크닉 같은 삶을 살고 싶다.

―――――――

My
Romantic
Africa

Look at the sky!

아프리카에서는 일부러 고개를 들어 위를 바라보지 않아도 언제나 시선 안에 하늘이 가득 들어와 있다. 온 세상을 다 담은 듯한 스케일의 African Big Sky! 거기에 매일같이 햇살이 반짝거리고 한여름에도 그늘 아래에서는 선선함을 느낄 수 있는 조벅의 날씨는 세계에서 가히 최고로 손꼽힐 만하다. 날마다 좋은 날씨 속에 살면서 날마다 날씨가 너무 좋다고 날씨 타령하는 이곳 사람들이 참 재미있다.

남아공 사람들은 잠자는 시간을 뺀 대부분의 시간을 야외에서 생활한다. 외출해서는 경치가 좋거나 정원이 널찍한 카페에서 햇살을 즐기고 집에서는 정원 앞 파티오에 놓인 소파에서 책을 읽다가 꾸벅꾸벅 졸거나 브라이를 하거나 수영장에서 물놀이를 한다.

한여름 대낮 무더위도 해가 지면 어김없이 수그러들고 기분 좋게 선선해지는 축복받은 날씨 속에 가끔 흐리고 비가 오는 날씨는 오히려 보너스처럼 느껴지곤 한다. 그런 잿빛 날씨의 낭만을 만끽하는 나를 보고 현지 친구들은 비정상이라고 고개를 내저을 만큼 이곳 사람들은 쨍한 햇살에 심히 길들여져 있다. 마음이 좀 가라앉아 있다가도 반짝이는 햇살에 긍정적인 에너지가 살아나는 것을 보면 날씨가 사람의 감정에 끼치는 영향은 분명히 있는 것 같다. 그 어떤 성능 좋은 건조기에서보다도 더 빨리 바싹 마르는 뒤뜰 빨랫줄의 세탁물을 걷으며 오늘도 변함없는 아프리카의 햇살을 즐긴다.

"Look at the sky!" 어쩌면 이곳에서는 너무나 흔한 말이 아닐까 싶다.
일기예보나 달력이 아닌 구름과 바람과 새소리와 먼지 냄새로
날씨를 예측하는 사람들, 남아공은 모든 자연과 자연현상이
그렇게 사람들의 삶과 매우 가까이 연결되어 있다.

키 큰 자연의 영향력

14살 조카아이는 홀로 비행기를 타고 멀고도 먼 남아공 이모네로 유학을 왔다. 글로벌 인재가 되기 위해 꼭 필요한 스펙을 갖추고자 하는 거창한 이유는 없었다. 그저 소년이 이 아름다운 자연 안에서 열심히 뛰어놀며 다양한 사람들과 행복하게 어우러져 사는 법을 배웠으면 하는 나의 바람에서 시작되었을 뿐이었다. 살아 보니 행복을 위해 꼭 필요한 것은 남들보다 뛰어난 재력이나 능력이 아닌 삶에 대한 진정성 있는 자세와 태도임을 나 스스로 깨달았기 때문이었다.

조카가 지낼 학교는 그림처럼 아름다운 곳에 있었다. 오랜 역사를 가진 교정 내의 나무들은 소년들의 꿈만큼이나 높다랬고 기숙사 창문 너머 넓은 풀밭에는 소와 말들이 유유히 풀을 뜯어 먹고 있었다. 조금 더 산책을 나가면 수영을 하며 놀 수 있는 강줄기가 흐르고 기린과 얼룩말도 여기저기서 거닐고 있었다. 기숙사에서 친구들과 동고동락하며 5년을 보내고 나면 14명의 방 친구들은 친형제들처럼 평생을 지내게 된다고 했다.

풍경아, 소년을 부탁해!
순수한 자연 속에서 아름다운 꿈을 꾸며 살 수 있도록,
주위를 돌볼 줄 알고 주변의 모든 것들에 감사하며 순간순간을
진정 누릴 줄 아는 그런 멋진 어른으로 성장할 수 있도록.

아름다운 —— 첫인상

남아공에서의 정착을 앞두고 아침식사를 위해 정원이 있는 조용한 카페를 찾았다. 커다란 나무 아래 투박한 나무테이블과 의자가 놓여 있고, 하얀 천 위에 또 다른 색감의 체크무늬 테이블보가 코디 되어 섬세한 정성이 느껴지는 곳이었다. 세련된 분수 대신 오래된 양철통 안으로 졸졸졸 물이 떨어지게 만든 그 소박함마저 몹시 아름답게 느껴졌다. 주문한 오믈렛과 프렌치토스트의 맛도 기분 좋을 만큼 훌륭했다. 남아공에서 산다면 이런 조용하고 아늑한 카페에서 신선한 아침 공기를 마시며 친구들과 다정한 시간을 보내면 좋겠다는 행복한 기대를 하게 되는 곳이었다.

그와 함께 서울에서 중국 상하이로의 이사를 앞두고 떨리는 마음으로 답사 여행을 갔을 때 와이탄의 한 루프탑 바에서 강 건너 화려한 야경을 바라보며 매우 낯선 곳이었지만 어쩌면 그곳에서 잘 살 수 있을 것 같다는 예감과 기대감을 강렬하게 받았던 순간이 있었다. 그리고 이 작은 정원의 카페, 이곳에서 나는 또 한 번 그 운명적인 예감을 받고 있었다. 이곳 남아공에서 정말 행복하게 살 수 있을 것 같다는 믿음이 생겼다. 때로는 아주 사소한 것들이 우리 인생에서 중요한 결단을 내리는 데 강력한 역할을 해주곤 하는데, 이곳이 나에게는 바로 그런 장소였다.

My Romantic Africa

피크닉 같은 삶

햇살 좋은 초봄의 어느 날. 아기가 아직 어려서 외출이 쉽지 않은 그녀가 자신의 아담한 정원에서 피크닉을 하자고 제안했다. 예쁜 나무 아래 자리를 잡고 앉아 내가 바지런히 준비해 간 김밥과 과일, 이런저런 간식을 펼쳐 놓으니 고양이도 끼어들고 싶은지 관심을 보인다. 한국의 소풍 음식인 김밥은 잔디 위에서 먹어야 제맛인데 오늘은 아프리카에서 제대로 역할을 해냈다. 김밥을 처음 먹어보는 그리스 친구는 신기하고 맛있어했다.

아름다운 자연,
천혜의 날씨 속에서 사는 이곳 사람들은
일상적으로 무심하게 피크닉 무드를 누리며 산다.
늘 나의 로망이었던 피크닉 같은 삶도
그렇게 서서히 일상이 되어가고 있다.

집으로
유혹하는 남자,

바우어새 이야기

봄이 되면 나의 정원에는 꽃놀이에 바쁜 바우어새들까지 분주함을 더한다. 보통 수 컷이 화려한 외모로 암컷을 유혹하는 다른 동물들과 달리 바우어새 수컷은 암컷을 매료시킬 만큼의 외모를 갖추지 못한 대신 아름다운 둥지를 지어 암컷을 유인한다. 입으로 얇은 가지들을 꺾어서 집을 만들고 나면 갖가지 예쁜 색의 꽃과 잎사귀들을 뜯어 와 화려하게 치장하느라 여념이 없다.

집을 다 짓고 나면 동네방네 떠나갈 듯 서로를 향해 지저귀느라 가히 공해 수준의 소음이 한참 이어진다. 어지간한 경매장의 치열한 거래 현장은 명함도 못 내밀 만큼 그렇게 요란스러운 밀고 당기기가 끝나고 이제 조용해졌다 싶어서 나가 보면 암컷 에게 거절을 당했는지 깔끔하게 정돈해 놓은 정원 바닥은 실패한 둥지의 잔해로 지 저분해져 있기 일쑤이다. 수컷은 거절당한 둥지를 스스로 처분하고 또다시 새 둥지 를 짓기 시작한다. 못난 외모를 가진 바우어새 수컷의 집 짓기는 그렇게 한 번으로 끝나는 경우는 거의 없다. "암컷! 너 그만 까탈 부리고 수컷 제의 좀 받아들이지 그 래?!"라는 말이 저절로 나온다.

그렇게 암컷 마음에 드는 예쁜 둥지를 만드느라 공을 들이는 수컷 바우어새가 참 안 쓰럽다고 느껴질 때쯤 인터넷 백과사전을 통해 알게 된 또 다른 진실이 있었으니! 암컷을 유인하기 위해 그렇게 애쓰던 수컷 바우어새는 교미가 끝나면 암컷을 부리 로 쪼아대며 괴롭히고 새끼도 돌보지 않는다고 한다. 심지어 암컷 홀로 새끼를 키우 고 수컷은 새로운 짝을 찾으러 떠난다니! 세상의 수컷들은 참!!!

My Romantic Africa

가을 단풍과

낙엽 놀이

겨울에 눈을 보는 것만큼이나 아프리카에서 드문 일이 바로 가을 단풍이다. 울긋불긋 형형색색으로 예쁘게 단풍이 들기도 전에 뜨거운 태양에 대부분의 잎이 타서 말라버리기 때문에 이곳 아이들에게는 간혹 만나는 엇비슷한 단풍도 새로운 경험이 된다. 소복이 쌓인 눈을 가지고 놀듯 바짝 마른 폭신한 가을 단풍 숲에서 아이들은 볼이 상기될 때까지 뛰어놀고 있었다.

04

그곳의 우리들 이야기

———————

풀 한 포기, 돌 하나에도 수만 가지 대화를 할 줄 아는 사람들. 와이파이나 아이패드 없이도 주어진 자연 속에서 더없이 행복하게 노는 법을 아는 사람들. 셈이 느리며 학교 교과 기준에 따른 지식은 조금 뒤처질지 모르겠지만 삶을 풍성하게 누리는 법, 자연을 즐기고 감상하는 법 그리고 그 안에서 온전하게 휴식하는 법을 아는 그들이야말로 진정한 행복을 누리는 사람들이 아닐까 생각한다.

———————

My
Romantic
Africa

내 아프리카 모험의
동반자,
캐롤라인

어릴 때부터 농장에서 온갖 풀과 벌레를 친구 삼아 놀았던 캐롤라인은 내게 자매 같은 친구이다. 자연에서 겁 없이 모험을 즐기고 야생의 어떤 환경에서도 거뜬하게 생존할 것 같은 강인함과 지식을 가진 그녀. 무인도에 갇히게 된다면 남편보다 더 의지가 될 것 같은 사람이며 자연 안에서 내가 차마 보고 느끼지 못하는 것까지 감상하고 누릴 줄 알기에 그녀는 내게 최고의 여행 동반자이기도 하다. 7살이 되어 생일 선물로 무엇을 받고 싶은지 물었던 할아버지에게 "당나귀를 가지고 싶어요."라고 대답했던 캐롤라인. 그리고 생일날 할아버지와 함께 집 밖으로 나왔을 때 눈앞에 100마리의 당나귀가 있었다는 믿기 힘든 이야기의 주인공이기도 하다.

캐롤라인은 놀랍도록 창의적이고 흥미롭게 자연을 즐길 줄 아는 여자이다. 한 번은 사파리 도중 코끼리 똥을 비닐봉지에 한가득 담아 와서는 말린 가지들을 엮어 틀을 만들고 그 위에 코끼리 똥을 덮어 며칠간 말려 마스크를 완성했다. 그녀의 가족과 함께 여행을 가면 꼭 게임으로 승부를 내는 남편들. 캐롤라인이 만든 코끼리 똥 마스크는 당시 승자의 얼굴에 씌어져 모두와 함께 기념촬영을 해야 하는 깜찍한 서프라이즈 선물이 되었다.

모두 함께 산책을 나선 여행 중 어느 날에는 동물의 뼈 무덤을 발견하고 우리 모두가 섬뜩해하고 있을 때 홀로 신이 나서 여기저기 뛰어다니더니 순식간에 퍼즐처럼 뼈들을 조립해 멋진 예술 작품을 만들어냈다. "알렉산더 맥퀸도 박수를 보낼 것 같은 멋진 패턴이야." 나는 그녀에게 경외의 박수를 보내고 있었다.

나미비아 여행 중 공원 산책길에서 주운 아주 작은 동물의 해골을 앞에 두고 숙소 마당에서 그녀는 아들 데이빗과 어떤 놀이를 할까 궁리 중이었다. "이 징그러운 걸 여기까지 가지고 온 거야? 병균이 있지 않을까?" 나는 섬뜩해하며 이야기했다. "보기에 깨끗하잖아! 이렇게 하얗고 깨끗한 해골 본 적 있어?" 태연하고 천진스럽게 나에게 되묻는 캐롤라인에게 나는 고개를 내저으며 말했다. "난 아무래도 이 해골 안에 병균이 득실득실할 것 같아. 이제부터는 나와 손을 잡거나 가까이 오지 않았으면 좋겠어." 나의 오버스러운 반응이 재밌다는 듯 캐롤라인과 데이빗 모자는 까르르 웃었다.

그리고 얼마나 시간이 흘렀을까, 낮잠에서 나를 희미하게 깨어나게 하는 이 구수하고 친근한 냄새가 뭐지? 잔잔하게 부는 바람을 타고 여기저기 스쳐 지나가고 있는 영락없는 곰국 냄새가 신기해서 코를 쿵쿵대며 두리번거리다가 스토브 위의 냄비 속에서 무언가가 부글부글 끓고 있는 것을 유심히 들여다보고 있었다. "해골을 소독 중이야, 너의 말이 맞는 것 같아서. 이제 곧 완벽히 깨끗해질 거야. 까르르~~~"

그녀와 여행하면서 엉뚱하고 재미있었던
수많은 이야기들은 멋진 추억거리가 되었다.
Dear my lovely sister Caroline,
I thank you for always filling my African adventures
with inspirations and magical things!

길 위의

미소 짓는 사람들

낯선 여행지 마을들을 운전하며 지나쳐 갈 때면 차 안의 우리
들을 향해 밝게 미소 짓는 사람들이 있다. 차를 향해 손을 흔
드는 그들은 대자연만큼이나 우리의 창밖 풍경을 멋지게 만들
어주는 사람들이다. 삶이 그다지 풍요롭지 않을 텐데도 어금
니까지 보일 정도로 하얀 치아를 드러내며 낯선 이를 향해 환
하게 미소 짓는 사람들을 보며 다음번에는 내가 먼저 더 반갑
게 손 흔들며 인사해야지, 다짐을 하곤 한다.

이방인인 우리에게 순수하게 건네는
미소 가득한 얼굴들에 마음이 따뜻해진다.
언제나 친절하게 미소 지어주는 아프리카,
고마워요!

가드너 아저씨의
모델 포스

일당이 높은 직업군은 아니지만 그들의 옷매무새는 언제나 단정하고 깔끔하다. 우월한 신체적 장점까지 더해지니 그들이 걸어 다니면 그곳이 런웨이처럼 느껴져 시선을 자주 빼앗기곤 한다. 일주일에 한 번씩 정원을 정리하러 와 주시는 가드너 아저씨는 아프리카에서는 평균 체격인 데도 신체 조건이 탁월해서인지 평범한 유니폼마저 멋스럽게 느껴진다. 하체가 긴 데다가 체격이 곧고 자세도 발라서 괭이질을 하거나 포대를 메고 지나가도 폼이 난다. 나와는 신체적으로 확실히 다른 유전자가 있음을 인정할 수밖에 없게 된다.

역시 간지는 아프리카 사람들이던가?!
쇼핑몰에서 거리에서 내 눈을 사로잡는 그들의 패션 감각과
타고난 신체 비율 그리고 당당한 걸음걸이와 포스를 인정 인정!
엄지 척을 올린다.

그녀의 캐슬

영화 〈잉글리쉬 페이션트〉에서 간호사 하나가 영국인 환자를 돌보던 수도원. 친구 캐롤라인의 이모가 사시는 그곳은 그 영화 속 수도원을 연상시키는 곳이었다. 남아공에서 손꼽히는 농장 부호이셨던 캐롤라인의 할아버지가 왕성히 활동하던 시절에는 온 마을 사람들이 그 농장에서 일을 했다. 하지만 인종 대립과 갈등으로 범죄가 만연하고 주변 농장들이 점점 폐허가 되어 모두 떠나게 되면서 그녀의 가족들도 그곳을 떠나게 되었다. 인종분리정책으로 흑인들이 노예처럼 착취당하던 시대가 지나간 건 정말 바람직한 일이지만 이토록 아름다운 농장들이 폐허로 전락한 건 실로 안타까운 일이다.

한때 캐롤라인의 할아버지가 마을 유지였음을 알려주듯 산꼭대기 위에 자리한 저택. 당시에는 얼마나 화려하고 아름다웠을지 가늠이 되는 천장이 높은 댄싱홀에는 이제 건반 몇 개만 겨우 소리가 나는 낡은 피아노가 놓여 있었고, 넓은 나선형 계단이 흘러내리고 있었으며 닳아 찢어진 소파와 가구들이 여기저기 놓여 있었다. 그곳을 아직까지 지키며 살고 있는 여린 몸매에 우아한 얼굴을 가진 이모님의 허리춤에는 신변 보호용 권총이 꽂혀 있었다.

마을의 가장 높은 산 위에 오래된 성처럼 외롭게 홀로 우뚝 서 있는
그곳을 뒤로하고 돌아오면서 언젠가 이런 농장들이 다시 활기를 얻고
아름답게 부상하는 날이 왔으면 하는 바람을 가져 보았다.
그때는 남아공도 지금보다 훨씬 더 아름답고
낭만이 넘치는 곳이 되어있지 않을까 하는 기대와 함께.

강도를 위한 무덤

금을 찾아 세계 각지에서 몰려들었던 마을 Pilgrim's Rest.
그곳의 공동묘지에는 다양한 국적의 사람들이 묻혀 있다.
5시 무렵 해가 조금 누그러져 가면서 무덤에 드리운 햇살
이 어쩐지 묘한 분위기를 자아내며 으스스한데…. 이 공동
묘지에서 아주 유명한 무덤이 하나 있으니 바로 어느 강도
를 위한 무덤이다. 마을 공동묘지 안에 그런 이를 위한 무
덤을 만들어줬다는 것이 놀라운데, 재미있는 사실은 햇살
을 최대한 받지 못하도록 그늘진 위치에 다른 묘들과 90도
각도로 방향을 틀어서 자리를 잡아놓았다는 것이다. 그들
만의 위대하고도 친절한 복수였던 것일까.

Whispering Night

여러 가족이 함께 여행을 떠나면 흥이 잔뜩 오른 아이들은 레스토랑 여기저기를 뛰어다니며 소리를 치고 제지하기 힘든 지경에 이르곤 한다. 이런 아이들을 통제하기 위해 제안한 게임, 귀에 대고 소곤소곤 속삭이며 마지막 사람에게까지 이야기를 전달해야 하는 놀이다. 아이들은 귀가 간지러워서 까르르르, 그 모습을 지켜보면서 또 까르르르. 하지만 이 놀이의 가장 엄격한 룰은 절대로 소리를 내면 안 되는 것이다.

다른 사람들에게는 들리지 않게 오로지 소곤소곤.
그리고 아주 조용히 까르르르.
모두가 숨죽이고 눈만 반짝반짝 빛나는 밤.
순간순간 너무 웃겨서 어른인 우리들마저도
잠시 왁자지껄 웃게 되지만 다시 게임이 시작되면
소곤소곤 속닥속닥 까르르르~~.

말이 부시맨이지

옛 영화에서나 볼 법한 추억의 부시맨들이 수공예품을 만드는 마을이 있다고 해서 그곳을 찾아갔다. 나미비아로 향하는 길 남아공 사막의 어딘가에 놓인 오지 마을이었다. 건넛마을에서 거주하는 아이들이 학교 휴일이어서 모처럼 이곳에 모였다고 했다. 낯선 이국의 관광객들이 어색하고 어리둥절한 아주 어린 아이들부터 사람들의 시선을 능숙하게 즐기며 모래밭에서 뛰어놀고 공중회전을 하는 아이들 그리고 그 아이들을 총괄하는 아주머니에 수공예품을 만들어 판매하고 있던 족장님까지 정말 하나의 부족이 모인 것 같았다.

현장에서는 관광객들의 주문을 받아 직접 만든 수공예품에 이름까지 새기느라 바빴는데 족장님은 관광객들을 많이 상대해서인지 흥정도 수준급이셨다. 팁 박스에 성의 표시를 하고 구입한 공예품들을 챙겨 드는 와중에도 아이들은 여전히 쉼 없이 공중회전을 하고 있었다. 부시맨을 처음 본지라 분위기에 심취해서 "여기에서 사세요?"라고 물었다. 용인 민속촌에서 한복을 입고 전통문화를 재현하시는 분께 "여기에서 사세요?" 하고 묻는 것처럼 바보 같은 질문을 한 셈이었다.

맨발에 원시적인 차림으로 모래 위에서 뛰어놀던 그 아이들은
건넛마을로 다시 돌아가서 아디다스 신발과 트레이닝복으로 갈아입고
오늘 만난 특이한 외지인들에 대해 친구들에게 이야기하며
아이패드로 게임을 하고 있을지도 모를 일이었다.

숨은 아티스트

인테리어 소품이 가득한 매장에서 찬찬히 구경을 하고 있는데 어디선가 슥삭슥삭 소리가 정교하게 규칙적으로 음악처럼 흐르고 있었다. 그 소리를 따라가 보니 매장 한구석에 앉아서 쌓여 있는 작업에 한창 몰두 중인 한 남자를 발견할 수 있었다. 오래된 물건을 보수 중이라는데 포즈나 능숙한 손놀림이 예사롭지 않았다.

"You are an Artist!"

수줍은 듯 무표정했던 그가 위아래 하얀 이를 드러내 보이며 활짝 웃는다. 아티스트가 많은 아프리카. 그들은 분명 손재주를 타고난 사람들인 것 같다.

남아공 코미디언
트레버 노아를 아시나요?

남아공계 흑인 어머니와 스위스계 백인 아버지 사이에서 태어난 트레버 노아*Trevor Noah*. 당시는 인종분리정책 시기라 이런 출생 자체가 불법이었고 그의 어머니는 법정에 서고 벌금까지 물어야 했다. 후에 그의 아버지는 스위스로 돌아가고 트레버는 흑인 빈민 밀집 지역 중 하나인 소웨토*Soweto*에서 성장한다. 미국 Comedy Central 채널에서 사회의 다양한 이슈들을 다루는 그의 진행은 언제나 통쾌하다. 다음은 프로그램을 맡기 전 이전 진행자 존 스튜어트*Jon Stewart*와의 인터뷰 내용이다.

존 » 이 프로그램을 맡게 되었는데 어때요? 긴장도 많이 풀렸겠죠? 떨리지는 않겠죠? 걱정은 안 되죠?

트레버 » 솔직히 좀 걱정이 되네요. 당신네들의 에볼라 때문예요.

존 » 뭐라구요? 우리의 에볼라라구요? 무슨 소릴 하는 거죠? 당신 아프리카에서 왔잖아. 당신네 에볼라잖아!

트레버 » 저는 남아공에서 왔습니다. 18년 동안 에볼라 기록이 없는 나라죠. 남아공에 있는 제 친구들은 저에게 얘기합니다. "트레버, 미국에 가지 마! 미국에 에볼라 있잖아! 가면 큰일 나!" 그리고 저는 그 친구들에게 이야기를 하죠. "이봐, 미국에 에볼라가 몇 건 생겼다고 모두 다 여행을 중지한다는 게 말이 돼? 그건 정말 무식한 거지." 그렇지 않나요??

존 » 맞아요. 남아공이 사실 라이베리아 바로 옆에 있는 나라는 아니죠?

트레버 》 4천 마일 거리죠(약 6,400킬로미터). 미국 사람들에게 아프리카는 에이즈와 배고픈 아이들로 넘치는 거대한 한 마을일 뿐이죠. 여러분이 매일 5센트로 구제할 수 있는… 하지만 여러분이 전혀 들어 보지 못한 너무나 많은 다른 모습의 아프리카가 있습니다.

존 》 맞아요! 비디오를 보면 사자가 버팔로를 쫓는데 악어가 나타나서 버팔로를 낚아채죠!

트레버 》 (비아냥거리며)네네. 그쵸, 그리고 버팔로는 먹잇감이 되죠. 저는 지금 그 이야기를 하는 게 아닙니다. (그는 아프리카의 선진화된 시설과 미국의 보호받지 못한 사람들의 비극적이고 극단적인 일면을 사진으로 비교한다)

존 》 당신이 하는 말은 잘 알겠어요. 하지만 설마 그렇다고 해서 아프리카가 모든 면에서 미국보다 낫다고 얘기하는 건 아니겠죠?

트레버 》 아니요. 그건 제가 하는 말이 아닙니다. 당신들이 하고 있는 말입니다.

미국인 전문가와의 인터뷰 삽입 》

지금 현재 미국에서 감옥에 가는 인구 대비 흑인 비율은 남아공의 인종분리정책 시대보다도 높습니다. 부의 분배에 있어서도 백인 중간계층과 흑인 중간계층 간 부의 격차가 18배나 됩니다. 이것은 인종분리정책 시대 때의 격차보다도 큰 것입니다.

존 》 (얼굴을 가리며) 오 마이 갓!

트레버 》 보세요, 이게 진실입니다. 남아공에서 백인과 흑인 간의 부의 격차를 그만큼 내게 하기 위해서 우리는 흑인들의 선거권을 빼앗고 소유물에 대한 법적인 제재를 구조화시켰습니다. 하지만 당신들은 아무런 시도도 없이 그냥 해냈어요. 우리는 수십 년 동안 실행을 거듭해서 해낸 것을 당신네들은 그냥 입장해서 금메달을 딴 격이에요. 여기서 저는 좀 더 솔직해지겠습니다. 아프리카는 지금 당신들을 걱정하고 있습니다. 아프리카의 엄마들이 아이들에게 매일같이 뭐라고 이야기하는지 아십니까? "네가 가지고 있는 것들에 늘 감사해라. 미시시피에 있는 아이들은 지금 굶고 있단다."

My Romantic Africa

Chapter 03

아프리카, 나의 정원

My Garden in Africa

I have a farm in Africa

영화 〈Out of Africa〉는 메릴 스트립이 연기한 여주인
공 카렌의 회상으로 시작한다. 메인 타이틀곡인 〈I had
a farm in Africa〉의 우아한 선율을 배경으로 기차는 아
프리카 황무지 광야를 가로질러 달리고, 그녀는 막연한
로망을 가지고 떠났던 아프리카 농장 시절을 떠올린다.
그리고 반복해서 말한다. "I had a farm in Africa. I had a
farm in Africa."

My
Romantic
Africa

아프리카의
로망이
시작되다

나는 이제 막 아프리카 대륙의 최남단 남아공에 도착했다. 이사 박스 안의 짐들은 서랍들 속에 대충 밀어 넣어 놓고 앞 정원과 뒤뜰의 텃밭 터로 향하였다. 해가 뜨기 전부터 해가 지고 나서도 한참을 그렇게 흙일 속에 파묻혀 지냈다. 아련하게 소망하고 그려 왔던 나만의 작은 농장을 가진 설렘에 배가 고픈지, 지쳐 가는지도 몰랐다.

최대한의 볼륨으로 흘러나오는 〈Out of Africa〉의 사운드트랙은 내가 쉼 없이 휘젓고 다니던 정원 곳곳을 가득 채웠다. 카렌의 거대한 커피농장과는 비교할 바 못 되지만 나의 아프리카 삶에도 작은 정원과 텃밭이 함께하고 있다는 사실에 벅차올라 있었다. 그리고 그녀가 아프리카 땅에서 온갖 역경과 시련을 겪으며 농장을 일구었듯 나 역시 내 삶의 새로운 무대에서 새로운 챕터를 이 작은 땅과 함께 다부지게 살아갈 것을 다짐하고 있었다.

그녀와 닮은 나의 막연한 아프리카 삶의 로망은
그렇게 이제 막 시작되었다.
내게 주어진 작은 정원 그리고 텃밭과 함께.

향기로

치유하는

향수 ————————————

흙에서 나는 냄새는 한국이고 아프리카고 똑같았다. 어쩌면 당연할 그 일이 내게는 몹시도 신기하고 반가웠다. 정원에서 흙을 만지는 순간만큼은 머나먼 아프리카 땅에 홀로 있는 느낌이 들지 않았다. 고국의 향기를 느낄 수 있는 흙이 이곳 아프리카에도 있다는 사실이 위안이 되었고 같은 흙냄새를 맡고 있을 가족들과도 가까이 있는 느낌이 들었다.

이제 막 아프리카로 와서 나의 남은 평생을 보낸다 생각하면 가족과 거리적으로 너무나 멀어진 점이 가장 두렵고 슬프다. 사사로운 일상들을 함께하고픈 가족이 너무 멀리 있다는 건 자다가도 벌떡 일어나서 흐느껴 울고 싶을 만큼 힘든 일인데 정원과 텃밭의 흙일을 하다 보면 할머니도 부모님도 형제들도 모두 그곳에서 만날 수가 있었다. 신기하게도 그곳에서 나는 외로움을 덜어냈고 편안해졌다.

흙은 마법 같은 치유 효과로,
이제 막 아프리카 땅에 발을 내디딘 흔들리는 내 마음을
단단하게 붙들어 주고 있었다.

내 평생의 영감,
할머니의 텃밭

나는 도시에서 나고 자랐지만 100세가 되실 때까지 한평생 농사만 지으셨던 외할머니의 삶이 늘 가까이에 있었다. 그러니 텃밭에 대한 나의 로망은 온전히 외할머니의 영향이었다.

할머니께서는 6·25 전쟁으로 젊은 나이에 남편을 잃으셨고 분신 같은 큰딸마저 병으로 먼저 보내셔야 했다. 나로서는 가늠하기도 힘든 고통과 슬픔의 무게를 안고 사시던 할머니는 한번도 몸져누워 슬퍼하거나 노여워하는 모습을 보이지 않으셨다.

돌아가신 엄마가 몹시 그리울 때면 할머니를 찾아뵙곤 했는데 할머니는 언제나 호미와 낫을 들고 밭에서 일을 하고 계셨다. 평생을 쉼 없이 몸을 움직이셨던 그 밭에서 할머니는 늘 꼿꼿하고 정정하신 모습으로 내가 감히 상상도 할 수 없는 많은 것들을 생산해내고 계셨다.

나는 텃밭에서 일할 때마다 할머니께서 하셨을 그 평생의 노고를 조금이나마 짐작해 본다. 그러면 힘들다는 어떤 불평도 내뱉을 수가 없다. 흙을 뒤집고 다듬고 하다 보면 할머니께서는 슬픔도, 외로움도, 노여움도 이 안에 다 묻으셨겠구나, 한숨과 눈물을 토해내고 달래며 이곳에서 위안을 받고 계셨었구나, 밭에 계시던 할머니의 모습이 그려지고 마음이 헤아려진다. 그리고 힘든 밭일에 왜 그리 집착하셨는지도 조금 이해할 수 있을 것 같다.

할머니가 생각날 때면
나는 모종삽 하나를 들고 텃밭에 나가
쭈그리고 앉아 잡초를 뽑고 흙을 어루만지며
할머니와 함께한다.

그리운 오솔길,
발목을 스치며 걷다

어린 시절, 엄마와 함께 외할머니 댁에 갈 때마다 엄마는 늘 할머니께 정확한 도착 시간을 알려드리지 않고 밤늦게나 되어야 도착할 테니 기다리지 말고 있으라고 하셨다. 식사도 거르고 종일 분주함 속에 기다리고 계실 할머니에 대한 엄마의 배려였다.

호남선 고속버스를 타고 광주에 도착해 시외버스터미널에서 다시 완행버스를 갈아타고 푸르른 자연 속을 한참 달리면 폭포수가 있는 큰 계곡이 보인다. 거기서 큰 커브를 돌면 숲 속 요정이 살 것 같은 오래된 할머니 집이 보이고 곧 버스가 선다. 해가 아직 환한 늦은 오후, 대문을 들어서며 "할머니!" 하고 크게 불러보지만 언제나처럼 그 집은 조용하다. 창호지가 발린 문의 검정 쇠 문고리에는 자물쇠 대신 숟가락이 꽂혀있다. 훔쳐갈 것도 없는 시골집에 바람으로 문이 젖혀지지 말라는 용도일 뿐이었다.

할머니께서 계실 게 분명한 밭으로 가려면 좁은 오솔길을 항상 지나야 했다. 거기엔 풀들이 길게 양옆으로 자라 있어 키가 작은 나의 종아리를 간지럽혔다. 어릴 적 할머니 댁을 상기시키는 추억 중의 하나이다.

나의 작은 뒤뜰에 디딤돌들을 구불구불하게 배치하고
그 주변으로 식물들을 무성하게 자라게 한다.
지나칠 때마다 발목에 식물이 스칠 수 있도록
부지런을 떨며 정리하지 않는 것이 포인트이다.
할머니를 찾아 엄마와 함께 걷던 그 오솔길은
이제 아프리카 나의 뒤뜰에 그렇게 펼쳐져 있다.

위대한 유산,
그린핑거스 *Green fingers*

어릴 적 살았던 집 마당에는 크고 작은 화단이 있었다. 부지런한 부모님의 손길로 언제나 예쁜 꽃들과 넝쿨들이 가득했었다. 손톱을 붉게 물들일 수 있는 봉숭아 꽃들이며 바로 따 먹을 수 있는 상추와 고추 등이 열려 있는 풍경은 익숙하지만 언제나 신기한 일이기도 했다.

그렇게 성장한 우리 형제들은 성인이 되어서도 자연과 함께하는 삶을 살고 있다. 주말농사를 제법 크게 짓기도 하고 전문 플로리스트와 조경디자이너로 각자의 자리에서 각자의 방식으로 최선의 자연을 누리고 있다.

이런 일과 거리가 멀 것처럼 가장 몸을 사리던 나 역시
아프리카 한편에서 정원과 텃밭을 가꾸고 있는 걸 보면
이 흙일이 뜬금없는 취미로 불쑥 튀어나온 것은 아닌 게다.

농부의 피가 흐르는 우리 형제들.

분명 위에서 지켜보고 계시는 부모님께서 '그래, 잘하고 있구나.' 하며

뿌듯해하실 거라고 믿는다.

카톡으로 배우는 농사 입문기

전 집주인에게 방치되었던 뒤뜰의 땅은 숨찬 삽질로도 잘 일궈지지

가 않았다. 게다가 보는 이들마다 이곳은 텃밭 터가 아니라고 고개

를 저어댔다.

"해가 넉넉하지 않아서 안 된다."

"땅이 척박해서 안 된다."

"비가 올 때마다 물이 넘쳐서 안 된다."

"잦은 우박에 이랑이 다 무너져 버릴 거라 안 된다."

분명 흙이 있고 햇살도 있는데, 이곳은 안 될 거라는 말뿐이었다. 그렇다고 멀쩡한 땅을 두고 포기할 수 없었다. 한국에서 주말농사를 짓고 있는 언니에게 카톡으로 이랑 짓는 법부터 배워 나가기 시작했다.

"고랑과 이랑을 구분해야 해. 경계를 명확히 하고, 비료를 뿌리고 삽으로 땅을 고르게 뒤집어서 이랑을 만들어."

"먼저 비료를 뿌리는 거야? 아하~~~~!"

"제대로 가르쳐 보냈어야 했는데… 밭에서 고기만 구워 먹느라 배운 게 없어서리. 쯧쯧."

"그러게 말이야, 난 언니한테 수확의 기쁨만 배웠어^^."

초봄의 어느 날, 언니와의 카톡이 끝나기가 무섭게 텃밭 터를 갈아엎었다. 돌덩이같이 딱딱하게 굳어 있던 흙들이 부서지며 나는 향기가 좋았다. 신바람만 났을 뿐 농사에 너무나 서툴렀던 내가 급한 대로 완성한 첫 이랑은 영락없이 사람 하나 묻어 놓은 무덤 모양이 되어 있었다. 그래서일까? 보는 이들마다 "헉!" 하며 남편의 안부부터 물어왔다. 그렇게 우여곡절 끝에 만들어낸 나의 첫 이랑에서는 벅찬 마음으로 듬뿍 뿌린 배추 씨앗들이 꿈틀거리고 있었다.

소중한 자원,
물

100년 만의 지독한 폭염과 가뭄이었다. 내가 알던 남아공은 늘 풍성한 햇살에 오후마다 쏟아지는 단비가 일상적인 풍경이었는데, 그해 여름에는 사람도 나무도 꽃도 잔디도 모두 타들어 가고 있었다.

꽃나무들과 식물들은 매일 녹초가 되어 시들어가고 있었지만 가뭄으로 인한 비상사태에 정원에 물을 준다는 것은 지나친 사치이자 범죄 행위에 가까웠다. 대낮에 정원에 물을 주는 이웃은 신고를 해야 했고 씻고 먹는 데 쓰는 물만이 간신히 허락된 상황이었다.

야채를 씻거나 설거지한 물은 하수구로 흘려 보내지 않고 식물들에 부어주기를 매일, 폭염 속에서 정원 여기저기로 물을 나르던 수고로운 여름이 지나고 해갈이 된 지금도 비눗물이 아닌 이상 물을 하수구로 쿨하게 버리는 일은 더 이상 없게 되었다.

몇 주 동안 많이 내린 비는 기적적으로

댐을 가득 채웠다고 했다.

하지만 하늘에서 비를 허락하지 않는 한 인간은

기다리는 것 외에는 할 수 있는 것이 아무것도 없음을

철저하게 경험한 이후 물 절약은 습관이 되었다.

30분 넘도록 샤워를 하며 여유를 부리던 때에는 몰랐던

물의 소중함. 물이 귀한 곳에서 정원을 가꾸다 보니

절실하게 깨닫게 된 교훈이다.

지나친
애정도
집착이다

내가 너무 좋아하는 수국이니까,

꽃꽂이에 자주 쓰게 될 연핑크 장미이니까,

이곳에서 구하기 어려운 불두화와 클레마티스이니까,

유난히 몸값이 비싼 겹동백 꽃이니까,

내 정성과 마음이 닿아 있는 어느 것 하나도

이 정원에서 시들해지거나 죽어 나가는 일은 없어야 한다고

날마다 맹세를 받아내고 있었다. 처음에는 그랬었다.

수국들이 다양한 색으로 한가득 피어 있는 정원이며, 추수를 앞
둔 먹음직스런 열무와 깻잎들로 풍성한 텃밭을 보며 '농사 별것 아
니네.' 하고 잠시 자만할 즈음 탁구공만 한 우박이 30여 분간 땅 위
의 모든 것들을 부서뜨릴 듯 쏟아졌다. 꽃나무들과 작물들은 처참
하게 망가졌고 땅에 쓰러져 버렸다. 집 안에서 분주히 여기저기의
창문 밖을 내다보는 것 말고는 내가 할 수 있는 건 아무것도 없었
다. 인간은 그렇게 자연 앞에서 무력하고 나약했다.

유리창도 다 깨부술 듯했던 무서운 굉음의 우박이 지나가고 햇살
은 다시 태연하게 내비쳤다. 불과 반 시간 전만 해도 황홀하게 아
름드리 피어 있던 수국과 장미들은 강풍과 우박에 두들겨 맞아 넘
어져 있었고 나는 마음을 가다듬으며 아이들을 일으키고 어루만
지고 있었다. 정원에 들여 심고 가꿀 때에는 절대 용납할 수 없을
것 같았던 현실도 겸허하게 받아들이고 있었다.

정성스런 보살핌으로

꽃나무를 키워내는 것은

한 치 앞도 모르는

우리의 인생과도

많이 닮아 있다는 생각을 했다.

앞으로도 거센 비바람이며 우박은 또다시 찾아올 테고

내가 아끼는 식물들을 처참히 망가뜨릴 수 있겠지만

내가 가꿀 수 있는 것들에

정성을 다하며 사는 것, 그것이 오늘 내가 할 수 있는 일이라는 걸.

그토록 아끼는 수국도, 장미도 결국은 자연의 섭리 안에서만 누릴
수 있는 것들이기에 지나치게 마음을 주며 집착하고 있는 건 아닌지
이따금씩 내 마음의 점검이 필요했다.

처음으로 사나운 우박을 한차례 겪고 난 후 인터넷에서 우박과 폭
우에 대비한 정원 관리 요령들을 검색해 보았다. 이런저런 대비책
이 있긴 했지만 결론은 자연의 현상을 겸허히 받아들이고 지나고
난 후 망가진 부분은 잘 보수하고 다시 시작하는 게 우리 인간이
할 수 있는 것이라고 했다. 사람이든 식물이든 마음을 주고 정성
을 쏟으면 그만큼 연연해지기 십상이지만 모든 것들에 좀 더 대범
해져야 함을 배울 때가 온 것 같다.

② 아프리카 최고의 수확

채소들과 꽃들이 어우러져 자라고 있는 나의 뒤뜰은 '나'를 표현하는 도화지 같다는 생각을 한다. 남아공 내 삶의 역사라고 해도 지나치지 않을 그곳은 매일 나의 삶과 함께 성장하고 있다.

My Romantic Africa

아프리카 맞아?

손바닥 텃밭 농사 5년 차의 경력이 되었지만 씨앗을 뿌리고 물을 주면 이내 쑥쑥 올라오는 새싹들에 여전히 설레발치게 된다.

어쩌면 농사 중에서 가장 심혈을 기울이는 부분이기도 한 씨앗 뿌리기. 토마토와 호박은 해가 가장 많이 드는 곳에, 시금치와 꽃상추는 서늘한 그늘에, 고수와 바질 그리고 파슬리는 요리할 때마다 밭에 들어가지 않고도 손쉽게 딸 수 있도록 주방에서 가장 가까운 쪽에 씨앗을 뿌린다. 막바지 성장에 우후죽순 지저분해 보이지 않도록 키 순서대로 배치하는 것도 잊지 않는다.

부엽토와 비료로 영양을 충분히 주고 난 후 기름져진 땅에 씨앗을 뿌린다. 매일 물 주기에만 소홀하지 않는다면 어김없이 보답해주는 풍성한 수확물들을 들여다보는 재미로 룰루랄라 즐겁다. 때로는 호박씨가 수국 옆에서 싹을 틔워 꽃가지를 타고 무성히 잎을 내기도 하고 고추 넝쿨이 월계수 나무를 타고 열매를 주렁주렁 맺기도 한다.

그렇게 기적은 매일 일어난다.
'아프리카 맞아?'라고 혼자 감탄할 만큼
구하기 힘든 한식 자재들이 계절 상관없이 가득하다.
나에 의해, 나를 위해 만들어진 뒤뜰 텃밭,
늘 꿈꾸던 '키친가든'의 로망이 실현된 꿈같은 공간이다.

망하면 좀 어때?
즐거우면 됐지!

"언니, 알타리무가 여러 개씩 붙어서 자라면 안 좋을까? 솎아 줘야 할까?"

"대충 키워."

"언니, 얼갈이배추가 쑥쑥 잘 자라고 있는데 언제까지 키워야 해?"

"너 맘대로지."

농사지어 상품으로 내다 팔 것도 아니요, 농사 전문가가 될 것
도 아니며 그저 손바닥만 한 텃밭 농사를 짓는 것뿐인데도 질
문과 고민은 많았다. 어쩌다 언니에게 진지하게 질문들을 보
내면 상당히 허무하게 답이 오곤 했다. 하지만 두고두고 볼수
록 통쾌한 명답이기도 하다.

숨으랬다고 내가 열심히 숨을 리도 없었고 거두어지는 대로
즐겁게 먹으면 될 것. 초보 농부는 알타리무 하나도 행여 잘
못될까 부르르 떨며 만지고 있었다. 언니의 대답들은 궁극적
으로 내가 가장 듣고 싶었던 대답들이었다. 망해 봤자 마켓에
서 사면 될 뿐인 것을.

그렇게 마음을 비우고 키운 알타리무, 봄동, 돌산갓, 얼갈이배추가 어느새 숲을 이룬다. 모두 함께 넣어서 물김치를 담글 예정인데 야채들을 땅에서 쑥쑥 뽑는 재미가 제법 쏠쏠하다. 추수의 맛을 보았으니 이제 솜씨 좋은 주부에게 넘기면 좋겠지만 그 주부가 바로 또 나이니 쉴 틈 없이 바빠진다.

"농부 하랴, 주부 하랴, 고생을 아주 사서 하지 사서 해."

늘 핀잔과 한탄 비슷한 혼잣말을 하지만

수확 뒤의 빈 땅에 뿌릴 씨앗 봉지들을 또다시 만지작거린다.

농사, 끊지 못할 중독이 되어 버렸다.

요리의 완성은 텃밭

요리가 즐거워지는 것은 텃밭 덕분이기도 하다. 월계수 잎, 타임, 파슬리, 로즈마리를 톡톡 따서 흐르는 물에 살랑살랑 씻은 후 약한 불에 뭉근히 고고 있는 비프스튜에 넣고 뚜껑을 닫는다. 샌드위치를 만들고 있는 남편을 위해 쌉싸름한 꽃상추와 루꼴라 그리고 잘 익은 토마토 하나를 냉큼 따 온다.

삼겹살 파티가 있는 날에는 무성하게 자라고 있는 차이브를 듬뿍 따서 영양부추처럼 살살 겉절이로 무쳐 낸다. 제육볶음이나 떡볶이에 빠지면 서운한 깻잎을 듬뿍 넣어 먹으며 깻잎이 없어 서러웠던 때를 회상하며 호탕하게 웃어보기도 한다. 우동 위에 올리는 쑥갓 하나가 제법 간지를 내어 주니 나의 요리는 텃밭이 완성시켜 주는 셈이다.

넌 누구니?

분명 돌산갓, 얼갈이배추, 봄동, 서양 머스터드 씨앗을 구분해서 뿌렸는데 성장하는 동안 모두의 생김새가 비슷해서 난감했다. 집에 놀러 오는 친구들에게 조언을 구했지만 시금치 아니냐며 애먼 소리를 하는 이들뿐이었다.

텃밭을 구경하러 온 시어머니와 현지 친구들은 감탄을 금치 못했다. 처음 보는 야채들이 낯설고도 신기했을 테며 그렇게 푸른 빛깔의 작물들이 한가득 수북하게 자라고 있는 모습에 내가 꽤나 농사를 잘 짓는 사람처럼 보였던 모양이다.

관상용과 과시용으로도 부족함이 없는 나의 텃밭.
어느새 집에 찾아오는 손님들은 집 가장 뒤쪽에 위치한 이 텃밭으로
제일 먼저 향하여 나의 근황을 확인한다.

겨울

추수

갓 딴 채소를 쌈으로 먹는 것보다 텃밭을 더 싱그럽게 누릴 수 있는 방법이 있을까?
아프리카에서 딴 채소들이지만 시골 할머니 댁에서 먹었던 그 옛날 쌈 맛이 나 눈이
휘둥그레지곤 한다.

"이모처럼 쌈을 여러 개 이렇게 포개서 먹어 봐. 쌈장 넣어서 싸 먹으면 얼마나 맛있
는데."
"난 야채가 싫어."
"어머, 야채를 많이 먹어야 이뻐지지. 자, 이모를 봐. 상추 하나, 깻잎 하나, 쑥갓도
하나~~(오버하며) 앙~ 맛있어."
"그래서 이모는 이뻐졌어?"

쌈의 기막힌 맛을 알게 해주려고 7살 조카아이에게 했던 말이었는데, 천진한 아이의 물음에 내 말문이 막혔었다. 지금 생각해도 식은땀이 날 정도로 당황했던 순간이었다. 그 소녀는 자라서 이모의 아프리카 텃밭에서 신선한 야채들을 하나하나 따 보며 신기해한다. 시간 가는 줄 모르고 야채를 따며 수확의 재미에 푹 빠진 소녀도 텃밭에 대한 로망을 가지고 살게 되지 않을까 싶다. 꼭 대물려 주고 싶은 유산이다.

지금도 나는 도톰하고 뻣뻣하고 풀 맛 나는 봄동이 두둑이 수확될 때마다 한국에서의 봄동 맛을 떠올리며 쌈밥을 먹는다. 아프리카 나의 주방에 들이는 한국의 봄동은 먹는 맛 이상의 감동이 있다. 봄동만큼 한국과 가까워진 느낌이랄까!

봄을 알려주는 한국의 목련 꽃이 한겨울에 피는 남아공 조벅. 한겨울에도 낮 기온 20도 안팎의 온화한 날씨를 유지하는 덕분에 토마토, 쑥갓, 고추와 시금치 같은 야채를 일 년 내내 텃밭에서 수확해 먹을 수 있다. 아프리카 뜨거운 햇살에 녹아버리곤 하던 꽃상추와 봄동은 한국의 봄 햇살 같은 이곳 한겨울의 포근함에 이제야 진가를 발휘하며 제맛과 모양새를 내니 겨울이 비로소 시즌이다.

겨울 농작물은 은은한 햇살을 더 오래 품으며 더디게 성장한 만큼
깊고 강한 향기로 농번기의 풍년 수확 못지 않은 뿌듯함을 준다.
한겨울에 수확해 들인 아삭아삭한 풋고추에 봄동과 쌉싸름한 꽃상추까지,
아프리카 참 살 만하다.

미나리 타령

주변에 풍족히 있을 때는

내가 특별히 좋아하는 것을 모르고 지내기도 한다.

언젠가부터 미나리 타령을 했다.

'아, 나는 미나리를 좋아했었구나.'

데쳐서 담백하게도, 매콤새콤한 양념으로 무쳐 먹고도 싶고,

얼큰한 매운탕에 올려서 먹고도 싶은 미나리.

사소하지만 대체하기 힘든 깻잎, 미나리, 도라지 같은 지극히 한국
적인 식자재들은 해외생활에서 더 아쉽기 마련이다. 어쩌다 남아
공 텃밭에서 미나리를 키우고 계신다는 분의 소식을 들었다. 헉,
진정한 고수는 따로 있었네! 그분에게 귀한 미나리를 분양 받아
이제 나의 텃밭에는 미나리도 있다. 미나리를 확보했으니 이제부
터는 슬슬 쑥 타령을 시작해 볼까 한다.

배추와
나무의 차이

커다란 창문 앞 화분에서 싱그럽게 잘 자라고 있는 나무의 멀쩡한 가지들을 밑동부터 싹둑싹둑 잘라내는 나를 보고 또 무슨 일인가 하고 눈이 휘둥그레진 메이드 베로니카에게 이야기했다.

"시원해 보이게 가지를 쳐 내는 거야. 빽빽하면 답답하고 정신 없어 보이잖아. 어때? 한결 시원스럽고 좋아 보이지 않아?"
"배추와는 다른가 보네. 배추는 속이 꽉 차야 좋은 거라고 그렇게 들여다보며 좋아하더니."

무심한 듯 날카로운 그녀의 말에 이중적인 나의 잣대도

그리고 그걸 지켜보고 분석하고 있던 그녀의 노련한 시선에도

웃음이 나서 그날 눈이 마주칠 때마다

까르르 웃으며 하루를 보냈다.

호박 대신 애나 키우지

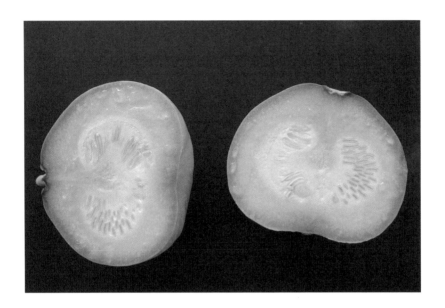

첫해 호박 넝쿨이 어마어마하게 자라서 그대로 두면 텃밭 바닥을 가득 메울 정도였다. 순을 정리해야 했지만 농사를 지으려면 공부도 많이 해야 했고 첫해에는 그럴 정신까지는 없었다.

처음에는 꽃이 간혹 한두 개 피기도 했지만 열매를 잘 맺는 것 같지는 않았다. 그러다가 어느 날 커다란 호박 하나를 넝쿨 사이에서 발견했다. 오로지 이 하나에 영양분이 모두 몰리는 건지 매시간마다 눈에 띄게 훌쩍 크고 있어서 보면서도 거짓말 같았다.

여행차 왔다가 곧 다시 서울로 돌아가는 동생과 함께 호박 된장국을 끓여 먹었다. 할머니께서 담가 보내주셨던 된장을 풀어 호박을 투박하게 썰어서 할머니가 늘 맑게 끓여주시던 그 된장국을 떠올리며 밥상을 차렸다. 전라도 해남 작은 시골 마을 할머니 댁에서나 맛볼 수 있었던 호박 된장국 맛을 아프리카에서 재현하게 되니 헛웃음이 자꾸 나왔다.

그 여운이 사라지기 전에 할머니께 전화를 드렸다. "할머니, 내가 농사지은 호박 하나를 따서 된장국을 끓였는데 할머니가 해준 거랑 비슷한 맛이 나서 놀랐어. 여기도 시골이라 그런가 봐." 한평생 농사를 지으셨기에 그 고단함을 아셔서일까? 잔뜩 기대했던 "기특하네. 호박을 아주 잘 키웠나 보구나."와 같은 반응은 해남 땅끝마을 어딘가에 머물러 있는 듯했다. "젊은 것이 서방한테 이쁘게 보이게 잘 꾸미고나 살지. 힘들게 농사는 뭣 하러 짓는다냐. 호박 키울 일 있으면 애나 하나 낳아서 키울 것이지. 쯧쯧."

지금은 병상에 누워 계시는 할머니가 기적처럼 다시 일어나실 수만 있다면
손바닥만 한 나의 작은 텃밭을 보여 드리며 평생 농사지어 먹여주신
그 많은 은혜에 감사하다고, 그 정성 덕택에
이렇게 나도 소중한 삶이 어떤 건지 알게 되었다고 말씀 드리고 싶다.

농부 코스프레 버겁다!

처음 텃밭 농사를 시작했을 때는 수확물을 팔아서 조카들 등록금에라도 보탤 사람처럼 많은 양의 채소를 키웠다. 황량했던 공터가 텃밭으로 변신해 채소들이 쑥쑥 자라는 모습을 바라보는 것이 그리도 뿌듯했다.

그러다 드디어 그날이 왔다. 농부 흉내를 내다가 지쳐 떨어진 날, 그곳에 낭만이라고는 없었다. 언젠가 언니네 양평 주말농장에 방울토마토 수확을 도우러 갔을 때가 생각이 났다. 토마토가 주렁주렁 열린 모습이 너무 로맨틱하다며 이 각도 저 각도로 연신 사진만 찍으며 베짱이처럼 놀고만 있었다. 할 일이 태산인데 낭만은 그만 찾고어서 해가 저물기 전에 수확을 도우라며 매서운 눈으로 째려보던 언니. '아, 그때 언니가 이렇게 무거운 마음이었었구나! 좀 더 열심히 도울걸!' 나는 버겁게 밀려온 텃밭 수확물에 망연자실하고 있었다.

실하게 자란 알타리무를 다 뽑아놓고 보니 이 많은 것을 언제 다 씻어서 정리할지 막막했다. 그러자 베로니카가 좋은 생각이 있다며 생전 처음 보는 알타리무를 능숙하게 잔디 위에 널브러뜨려 놓고 호스로 물을 뿌려 흙을 씻어내기 시작했다. 그녀의 노련함이 없었다면 절대 하루 안에 끝낼 수 없었던 엄청난 양이었다.

뿌린 만큼 거두는 게 농사의 진리임을 깨달았다. 농사에도 알뜰하고 검소한 마음이 필요한 것임을. 다시는 씨앗을 남발하지 않겠다고 진지하게 맹세하던 날이었다.

차라리 농사가 쉬웠네,
바질 말리는 날

1등급 상품만 땄는데도 끝이 없던 바질 수확, 깨끗이 씻어 물기를 빼려고 널어놓으니 양이 어마어마했다.

하나하나 실에 엮으면서 만만치 않은 일을 시작했음을 깨달았다. 과연 끝이 나려나? 암담한 마음에 등 뒤로 식은땀 한 줄기가 흘렀다. 다 되어간다, 다 되어간다. 참자, 조금만 더 참자. 그럼에도 불쑥불쑥 다 내던져 버리고 싶은 욕구가 올라왔다. 끝이 안 보이는 바질 말리기 작업, 그렇게 인내심을 시험하던 바질 잎들을 면실에 모두 엮어 주방 한쪽에 매달아 놓고 보니 스스로가 대견하고 뿌듯했다.

공기는 잘 통하고 해는 직접 들지 않는 곳에서
바질 잎들은 살랑살랑 부는 바람에 잘 말라가고 있었다.
며칠이 지나니 마른 잎들이 부딪히며 바스락바스락 소리를 내고
유기농 바질 향기를 진하게 내뿜고 있었다.
완성되면 서울에 가져갈 생각이다.
내가 누리고 있는 아프리카의 햇살을
가족과 친구들에게 전하는 나만의 방식이다.

03

아프리카 나의 꽃 정원

―――――――

계절마다 순서대로 피고 지는 다양한 꽃들을 따서 식탁 위와 집 안 곳곳에 꽃 잔치를 벌인다. 만개한 꽃들을 혼자 보기 아까워 이웃의 친구들을 초대하고 함께 차를 마신다. 친절한 햇살과 바람과 비, 이들이 만들어낸 아름다운 일상의 풍경에 마음은 언제나 사뿐사뿐 꽃길 위에 앉아 있다.

―――――――

My
Romantic
Africa

봄날의 정원

겨울은 막바지에 이르고 있다. 이제 곧 완연해질 봄날에 대한 기대로 몸과 마음은
한껏 더 가벼워진 느낌이다. 화려해질 봄날의 정원을 고대하며 잔잔하게 빛을 내고
있는 꽃들을 하나둘 채집했다.

정원에서 따 온 꽃들을 나열하고 보니 그제서야 알게 됐다. 다양한 색감의 꽃들은 이미 봄이 왔다고 열심히 외치고 있었던 것을. 도대체 내가 기다렸던 봄은 어떤 봄이었길래 이렇게 완연한 봄 정원에서 또 다른 봄을 기다리고 있었던 건지!

봄날의 햇살을 가득 품은 꽃들도,
충분히 행복하고 감사한 날들도
이미 내 옆에 바짝 다가와 있었던 것을
나만 미처 모르고 있었다.

꽃 중의 꽃, 장미

장미가 없는 남아공의 정원은 찾기가 힘들다. 겨울에도 꽃을 피워 4계절 내내 감상할 수 있는 장미는 우아하고 기품 있는 자태로 집이며 정원을 화사하게 변신시켜 준다. 수세기에 걸쳐 많은 사람들에게 사랑받는 데는 다 그럴 만한 이유가 있었던 게다.

농장에서 사들인 장미모종들을 심어 놓고 봄날의 만개한 정원을 기다린다. 농장 아저씨는 봄이 되면 꽃들이 황홀하게 만발할 거라 했지만 과연 이 앙상한 가지 두 개에서 올해 꽃을 기대할 수 있을까 나는 의심을 잔뜩 하고 있었다. 하지만 거짓말처럼, 기적처럼 장미가 쉼 없이 피어나고 그 향기에 황홀해지는 데는 오랜 시간이 필요하지 않았다.

계절마다 해충제와 거름 등을 챙기느라 손이 꽤나 많이 가지만 수고로움을 몇 배로
보상해 주는 매력적인 꽃, 장미. 나의 정원에는 휘가로, 프렌치, 아이스버그, 콤템사
등 이름도 다양한 장미들이 오늘도 열심히 꽃을 피워내고 있다.

흐드러지게 피고 지는 휘가로 장미들을 감상하다가 이 아름다움을 좀 더
오래 누려야겠다는 욕심이 생겼다. 대단한 아이디어가 번뜩인 것처럼 신이 나서
자리를 박차고 일어나 대나무 소쿠리에 꽃송이들을 따서 모으기 시작했다.

장미 포푸리는 나처럼 꽃이 지고 시들어버리는 게 아쉬운 마음의 어떤 이가 처음 고안
해 낸 일은 아니었을까? 그렇게 장미를 거두어 들이는 향기로운 작업은 계속되고 있다.

마
담
의 귀
환

나미비아 사막으로 열흘간 여행을 떠나느라 집을 비우게 되었다. 본격적인 폭우와

우박이 예상되는 계절이라 마음이 영 쓰였다. 집을 나서기 전 정원을 한 바퀴 돌면

서 모두들 잘 버티고 있으라고 인사를 건넸다. 아프리카에서의 첫해 첫비를 함께하

지 못하게 되어 미안하다고, 돌아올 때까지 아무도 다치지 말고 잘 자라고 있으라고

당부했다.

열흘간의 여행 기간 동안 정원의 아이들을 걱정하며 지내지는 않았다. 떠나니 걱정했던 것보다 훨씬 더 의연하게 정원에 대한 근심을 내려놓고 있었다.

하지만 공항에서 집으로 돌아가는 길에는 상황이 좀 달랐다. 온통 정원의 아이들 생각뿐이었다. 물을 많이 먹는 수국이 다 시들어 있지는 않을까? 장미들은 꽃송이가 많이 맺혀 있었는데, 만개했던 클레마티스와 델피늄도 모두 무사하겠지?

그날따라 유난히도 천천히 열리던 대문 사이로 쏜살같이 뛰어 들어가 휘리릭 눈으로 훑으며 아이들의 생존을 확인했다. 기대 이상으로 잘 버티며 성장하고 있던 정원을 보는 순간 우려했던 상황은 아니구나 싶어 긴장이 풀렸다. 그 뒤에 찾아온 기쁨과 감사함! 허투루 자라고 허투루 아름다움을 발산하는 것들은 없구나!

누군가의 끊임없는 손길과 마음이 닿아
모든 것들은 생명을 유지하고 있음을
나의 작은 정원에서 배우게 되었다.
사람도, 식물도 그리고 생명이 있는 모든 것들은
살아있다는 것만으로도 충분히 아름답다는 것을.

눈을 떼지 마!

동틀 무렵부터 해가 지고도 한참을 가드닝 일에만 매달렸었다. 초봄에는 짧은 해가 아쉬워서 광부들이 머리에 쓰는 라이트가 있으면 정말 좋겠다 싶었다. 해가 지면 두 눈을 부릅뜨고 어떻게든 정원 일을 더 해보려 해도 이내 깜깜한 어둠 속에서 아무것도 할 수 없음이 아쉬웠던 때였다. 남편은 그러다 쓰러진다며 어서 집 안으로 들어오라고 성화였지만 어두워지면 일손을 놓아야 하는 게 그때는 그렇게도 아쉬웠다.

정원과 텃밭이 내게 주어지고 그곳을 일구고 내 마음대로 디자인해가던 그때는 하루가 눈 깜짝할 사이에 지나갔다. 가드너 아저씨와 베로니카가 아침을 먹고 점심을 먹고 오후간식을 먹고 있었지만 나는 배가 전혀 고프지 않았다. 곧 내릴 첫 봄비를 앞두고 농장에서 수차례 트럭으로 들여온 식물들이 뿌리를 잘 내릴 수 있도록 어서 빨리 땅에 잘 묻어주고 싶은 마음뿐이었다.

스프링클러로 아무리 물을 준다 한들 위에서 내려주는 물만큼 생명력을 가져다주지 못한다며 이곳 사람들은 몇 달 동안의 메마름 뒤에 찾아오는 첫 봄비를 간절히 기다린다. 그리고 자연은 정말 기적 같은 일들을 만들어 낸다. 비가 시작되면서 장미들은 눈에 띄게 무서운 속도로 자라고 있었다. 앙상한 장미 가지를 보며 언제 꽃구경 하겠냐고 나를 놀리던 친구들은 이제 무슨 성장촉진제라도 쓰냐며 놀라서 묻는다.

그러니 계절과 정원을 제대로 즐기고 감상하려면 끈기 이상으로 집중력이 필요하다. 정신을 똑바로 차리고 있지 않으면 아름다운 매 순간들을 놓칠 수 있으니 말이다.

정원에 피어 있는 꽃들을 좀 더 느긋하게 감상하려고 집 안으로 들인 날은 고단했던 몇 달간의 가드닝 수고가 완벽하게 보상을 받는다. 플로리스트 동생을 둔 덕에 꽃스타일링과 관련해서는 어깨너머로 수많은 것들을 보고 배웠다. 곳곳에 마치 그녀의 손길이 닿아있는 듯 착각을 일으킬 만한 센터피스가 놓이고 나는 비로소 덩실덩실 신이 나서 춤추듯 흘러 다닌다.

꽃잎 동동

꽃 얼음

얼음 틀 안에 들어가기 좋을 작은 사이즈의 꽃들과 민트 잎을 골라서 따기 시작했다. 며칠 후 있을 홈파티에 쓰기 위해 흰색, 핑크색, 자주색의 코스모스, 연보라색의 재스민 꽃도 땄다. 모두 따고 보니 그대로 물에 동동 띄워 놓기만 해도 충분히 예쁘겠다 싶었다.

물을 부은 얼음 틀에 꽃잎 하나 민트잎 하나
조심스럽게 올리면 준비 끝.
이제 꽃잎이 동동 떠 있는 얼음물을 마시고
화사한 꽃얼음으로 차가워진 샴페인이
손님상에 올라가기만 하면 된다.

흐린 날의

향기 테라피

공기가 무겁게 가라앉은,

흐리고 센티멘탈한 날.

정원의 라벤더를 따는 순간

향기 테라피는 시작되었다.

꽃병 높이에 맞게 라벤더 꽃대를 자르기 전 몇 번 더 가위질을
해 본다. 가위로 자를 때마다 꽃대에서 나는 라벤더 향기가 너
무 좋아 연신 코를 들이대며 행복해한다. 차분하게 가라앉은
공기에 라벤더 향기가 실려 더 오래 주변에 머문다. 은은한 라
벤더 향을 따라 마음은 더욱 살랑살랑, 기분 좋은 날이다.

정원에서 발견한

우정과 종교

봄의 정원은 수선화가 여기저기 불쑥 올라오고 히아신스, 무스카리, 설유화, 조팝 등 많은 꽃들이 순서대로 피면서 시작이 된다. 꽃이 지고 시들해진 꽃대를 잘라내고 난 구근은 겨울을 나고 다음 봄이 되면 또다시 잊지 않고 새싹을 내고 꽃을 피우며 자연의 기적을 선사한다.

이기적인 이유와 목적들이 가득한 사람들과의 관계보다
더 끈끈하게 의리를 지켜주었던 나의 정원은
그래서 나에게는 이상적인 우정과도 같다.
땅을 후벼 식물을 심고 성장을 지켜보며
넘치게 애정을 주지만 또 마음을 비우고 기다리며
지켜보고 받아들이는 인생의 모든 진리를
그 안에서 깨달았기에 나의 정원은 내게 종교와도 같다.

04

아프리카 그들의 정원

역동적이고 야성적인 아프리카 자연 속에서 살고 있는 이곳 사람들. 그들의 집들을 들여다보며 집주인의 취향이 드러나 있는 다양한 정원을 감상하는 재미가 쏠쏠하다.

운동장만 한 넓은 정원에 푸르고 드넓게 잔디가 깔려 있는 집이 있는가 하면 동물 등 다양한 모양의 토피어리가 깔끔한 인상을 주는 프렌치 정원, 자잘한 꽃들이 화사하고 아기자기하게 피어 있는 영국식 정원을 갖춘 집도 있다.

다양한 형태의 정원들에서 그곳을 가꾸는 정성이 느껴져 발길을 멈추고 들여다보곤 한다. 모든 이의 정원들은 각자의 역사와 취향이 담겨 있어 더 흥미로운지도 모르겠다.

My
Romantic
Africa

라벤더 밭에서
한들거리다

그곳은 정원이라고 부르기에 너무 광대해서 헛웃음과 한숨이 교차했다. 남아공에서 제일 예쁜 마을을 꼽으라면 주저없이 말할 수 있는 곳 프렌쉬혹*Franschhoek*, 그곳에서 만난 끝없이 펼쳐진 라벤더 밭은 놀랍게도 그저 관상용 정원이라고 했다. 오로지 그곳을 방문하고 머무는 이들을 위해 펼쳐진 라벤더 정원이었다.

친절한 매니저 아저씨는 마음껏 뛰어다니며 놀 것을 권했고
벌을 조심하라는 자상한 경고도 덧붙이셨다.
작렬하던 여름의 햇살은 온화해지고 있어서
풍경을 감상하기 더없이 좋았던 오후 5시.
눈앞에 펼쳐진 꿈같은 라벤더 밭 풍경을 어찌 다 기억하고
머리에 담을지 마음이 급해졌다.
향기도, 아저씨께서 경고하셨던 벌도
내 기억 속에는 남아 있지 않았던 그곳에서
나는 잠시 정신이 혼미해져 있었다.

배고픈 오리와의 산책

여행을 하다 보면 그림처럼 이상적으로 아름다운 풍경들을 만나곤 한다. 아이비, 연못, 분수가 어우러져 있던 그곳은 비밀의 정원의 한 장면이 되기에 충분할 풍경의 요소를 모두 갖추고 있었다.

어디선가 나타난 오리 두 마리, 하얀 몸통에 붉은 머리를 가진 화려한 모습이 정원에도 제법 잘 어울렸다. 배가 고픈 것일까? 요란스럽게 꽥꽥 소리를 내며 풀밭을 헤치고 주둥이로는 풀밭 속 무언가를 계속 쪼고 있는 모양새다. 좀 더 가까이 가서 유심히 녀석들을 들여다보았다. 눈빛도 초롱초롱하고 배는 통통하며 깃털은 기름진 걸 보니 굶은 것 같지는 않은데 아무래도 그곳 숙소에 머무는 손님들에게서 먹이를 늘 받아 먹어서 나에게도 뭔가를 바라는 것 같았다. 낯선 사람임에도 전혀 경계를 하지 않고 과감하게 들이댄다. 정원 여기저기를 향해 셔터를 눌러대며 사진을 찍고 있는 내 주변을 떠나지 않고 계속 꽥꽥꽥꽥! 아이고, 시끄러워라. 꽥꽥.

"자, 봐요. 내가 아이비 넝쿨 위에 이렇게 앉아 있으면 사람들이 좋아하던데. 어서 날 좀 찍어 보아요. 어때요. 꽤나 괜찮죠? 그러니 이제 나에게 뭔가 먹잇감을 좀 줘 보시지? 아니 왜 그러실까, 이 각도가 별로예요? 자 그럼 이쪽은 어때요?"

평화로운 아침산책에 성가시게 신경이 쓰이기 시작했다. 만일의 경우를 생각하며 산책을 잠시 멈추고 그곳 숙소의 주방으로 갔다. 오리가 너무나도 간절하게 먹을 것을 찾으니 식빵을 넉넉하게 줄 수 있겠냐고 부탁했다. 오리가 기다리고 있는 곳으로 돌아와서 작게 조각을 내어 주니 게 눈 감추듯 씹지도 않고 꿀꺽꿀꺽 삼키던 녀석들은 내 손에서 식빵이 다 떨어지자 뒤도 돌아보지 않고 뒤뚱뒤뚱 저 멀리 가버렸다. 고맙다는 제스처도 없이 쿨하게 멀어져 가던 오리들의 뒷모습을 바라보며 은근히 이용당한 느낌을 지울 수가 없었다.

여행지에서 만난 정원

아프리카에서 만나는, 사람을 반기는 집 밖의 풍경은 주로 이런 느낌이다. 언제든 내 집처럼 편히 들어오라는 듯 대문은 빼꼼히 열려 있고, 담벼락으로는 꽃들이 흐드러지게 피어 있다. 여기에 커다란 나무 한 그루까지 입구에 딱 버티고 있으면 그야말로 금상첨화다.

황무지 같은 아프리카 벌판을 1,000km 달리고 난 후 요술처럼 눈앞에 나타난 예쁜 마을 프린스앨버트*Prince Albert*에서 만난 집들이 그런 모습이었다. 우리를 반긴다고, 여기서 잠시 머물며 쉬었다 가라고 속삭이고 있었다.

가든루트*Garden Route*에서 만나는 수많은 정원들도 빼놓을 수 없다. 아름다운 자연과 낭만적인 산책과 드라이브를 즐기기에 좋은 남아공 여행지를 꼽으라면 나는 주저없이 가든루트를 선택한다. 잘 닦인 해안도로를 따라 300km 넘게 펼쳐진 뛰어난 자연 경관이 매력적인 곳이다.

무엇보다 마을들이 하나의 정원처럼 이국적인 아름다움을 뽐내며 펼쳐져 있다. 가든루트라는 이름은 괜히 지어진 것이 아니라는 듯 말이다. 가든루트에서 만난 수많은 정원들은 언제나 그립다. 그곳 정원으로의 산책은 언제나 내가 꿈꾸는 시간들이다.

등나무 넝쿨 아래

수상한 여자

주렁주렁 등나무 꽃이 황홀하게 피어 있는 이웃집 담벼락 등
나무 덤불 아래 은은한 보랏빛 향기에 취해 뱅글뱅글 한참을
제자리에서 돌고 있었다.

그 아름다운 풍경을 눈에 담고 카메라에 담느라 온통 마음을
빼앗겼다가 잠시 정신을 차리니 어디선가 따가운 시선이 느껴
졌다. 저 멀리 부동자세로 나를 지켜보는 파란색 유니폼의 가
드너 아저씨가 내 카메라의 렌즈에 잡혔다. 카메라를 거두고
보니 아저씨는 나를 여전히 주시하고 있었다. 아름드리 늘어
뜨려진 등나무 꽃들에 가려져 두 다리만 계속 돌고 있는 여자
가 아저씨는 너무나 수상스러웠던 참이었다.

"이 꽃들이 너무 예뻐서 사진을 찍어도 찍어도
만족스럽지가 않아요.
너무 아름답지 않나요?" 꽃에 취해 목소리 톤이
높아질 대로 높아진 채로 아저씨에게 나의 상황을 설명했다.
수상스러운 눈빛을 여전히 거두시지는 않았지만
아저씨의 입꼬리가 살짝 실룩거리며 희미한 미소가
번지고 있었다.

미키마우스 선인장

320년의 역사를 지닌 남아공 와이너리 바빌론스토렌. 닭이 사람을 따라다니는 기묘한 곳. 이 정도면 닭을 애완으로 키워도 되지 않을까 싶었다. 훈련을 받은 듯 사람들이 건물 안으로 들어서면 입구에서 옹기종기 모여 정지 동작을 한다. 가까이 다가가도 도망가지 않고 주변에서 서성이는 예쁜 닭들.

닭들마저 나를 매료시키는 평화로운 그곳에는 일명 '미키마우스'라 불리는 선인장 정원이 근사하게 펼쳐져 있다. 거대한 미키마우스 선인장들 사이를 걸으면 신비로움이 느껴진다.

매일 이런 곳을 산책하고 싶다는 생각이 들어 결국 나의 정원에도 미키마우스 선인장을 들였고 매일 무럭무럭 자라고 있다. 내 키보다 훨씬 커질 선인장 사이로 나를 졸졸 따라다닐 예쁜 닭 몇 마리도 들여 볼까? 맘에 두었던 여행지를 내 일상에 조금씩 비슷하게 옮겨 놓는 것, 이것이 내가 다시 그곳으로 여행을 갈 때까지 마음을 달래는 방식이다.

안녕,
예쁜 정원

운전하며 우연히 지나치던 길. 어느새 나는 차를 세우고 누군가의
집 담벼락 앞에서 또다시 서성이고 있었다.

담장 밖을 이렇게 예쁘게 꾸미는 사람이라면 얼굴도, 삶에 대한 자
세도 아름다운 사람일 거야! 자주 그 앞을 배회하다 보면 아름다
운 미소를 가진 그 집주인에게 인사를 건넬 수 있는 날도 있겠지?
조금 더 수상스럽게 배회하고 있으면 집주인이 나오려나? 그럼 인
사를 건네며 이렇게 예쁘고 다양한 수국은 어디서 구했는지 물을
요량이었지만 인기척도 없다.

담장 밖 예쁜 화단을 보면 꼭 집주인에게 인사를 건네고 싶다.
화사하고 예쁜 풍경을 이렇게 볼 수 있게 해주어서 감사하다고.
그리고 당신은 정말 멋진 사람이라고!

My Romantic Africa

Chapter 04

아프리카, 나의 식탁

My Kitchen in Africa

① 조식이 준비되었습니다

───────────

빵 한 조각으로 대충 넘기기 쉬운 아침이지만 바지런한
정성을 조금만 보태면 하루를 더 풍성하게 시작할 수 있
다. 함께하는 아침 풍경 속 집은 더욱 다정하고 따뜻해
진다.

───────────

어떤 — 아침

햇살 가득한 봄날, 정원에서 일을 하다 흙투성이인 채로 주방으로 들어와 후다닥 늦은 아침상을 차린다. 스크램블 에그와 크루아상, 루이보스 밀크티를 곁들인 상에 방금 꺾어 온 탐스러운 연핑크 휘가로 장미 한 송이를 올린다. 밥을 먹기 위해 방금 씻은 손만 깨끗할 뿐 흙먼지 폴폴 날리는 내 꼴은 누가 볼까 초라하지만 아침상만큼은 예뻐서 웃음이 났다.

찌개가

끓는

아침 풍경

구수한 된장국과 콩나물 무침, 두부 구이 양념장에 듬뿍 들어간 참
기름 냄새가 코끝에 가득해지는 아침. 엄마의 아침밥 냄새에 군침
을 흘리며 스르륵 잠에서 깨어나기 시작하던 그 시간은 어린 시절
가장 행복했던 기억 중 하나이다.

아침 기온이 제법 차가운 조벽의 겨울. 햇살은 이미 침실 가득 내
려앉았는데 여전히 곤히 자고 있는 조카 녀석들. 혹시라도 깰까
방문을 조용히 닫고 주방으로 돌아와 아침상을 준비했다. 보글보
글 찌개도 끓이고 조카들이 좋아하는 하얀 쌀밥에 이런저런 반찬
을 몇 가지 만들어놓고는 아이들 엉덩이를 툭툭 치며 밥 먹자고
깨웠다.

"세수도 하지 말고 그냥 와. 방학 동안 집에서 먹는 아침밥은 원래
그렇게 먹는 거야." 누군가가 밥 먹으라고 깨워주는 아침 풍경, TV
드라마에나 나올 법한 그런 다정한 장면이 우리 집 아침 식탁에서
재현되고 있었다.

어느 날의
영국식
아침식사

한 달 일정으로 크리스마스를 보내러 한국에서 온 가족들에게 영국식 아침식사 *English Full Breakfast*를 차려주기로 했다. 한식을 차려줄 수도 있지만 여행 중 경험하는 서양식 아침식사의 특별함을 느끼게 해주고 싶었다. 여행 온 것 맞구나, 여행자 무드를 만끽하게 해줄 아침상 준비에 주방은 분주하다.

생크림을 넣어 고소하게 만든 스크램블 에그에는 차이브를 곱게 뿌렸고, 베이컨과 소시지는 오븐에서 노릇하고 바삭하게 구워냈다. 텃밭에서 딴 루꼴라와 상추로 만든 샐러드에는 페타 치즈를 넉넉하게 올렸고 스페인 스타일의 구운 감자와 베이크드 빈스를 곁들였다.

이 요리 저 요리 접시에 올리고 맛보며 모든 그릇을 싹싹 비워준 가족들.
숫자로는 여느 게스트 하우스 못지않았던 날, 영국식 아침식사는 꽤 성공적이었다.

김을 좋아하는 서양 소년

서양식 아침식사는 주로 아침에만 먹는, 그래서 서양인들에게도 좀 더 특별한 부분이 있다. 베이컨과 소시지에 계란, 팬케이크와 토스트, 과일 몇 가지만 있으면 서양인들은 진수성찬이라며 행복해한다.

하지만 우리 집에만 오면 흰쌀밥에 김을 싸 먹는 한 소년이 있다. 평소에 입이 짧은 녀석이라 엄마를 걱정시키곤 했는데 김 하나만 있으면 밥 한 그릇을 순식간에 뚝딱 비워낸다. 김 하나가 푸짐한 서양식 아침상을 이겨 버린 것이다.

평생을 김에 밥만 먹고 살 수 있을 거라는
소년의 집에는 이제 김과 햇반이 상비되어 있다.

② 나만의 한정식

외로움이 전제된 타지 생활이지만 최소한 내 주방 안에서는 한국이 사무치게 그립지 않도록 단단하게 무장되어 가고 있다. 집 밥으로 해 먹기엔 번거롭다고 생각했던 음식들이 나의 주방에서 하나씩 탄생할 때마다 아프리카는 훨씬 더 살 만한 곳이 된다.

My

Romantic

Africa

아프리카에서 한식을 차리다

많은 나라의 음식을 먹어 봤지만 내게는 여전히 한식이 최고다. 그렇다고 매일 그리워하고 상상하며 군침 흘리고 살 수만은 없는 일이니 한식을 어느 정도는 할 줄 알아야 한다는 나만의 기준이 생겼다. 오늘도 나는 풀을 뜯어 먹고 자란 남아공 최상급 방목소의 도가니와 사골을 대량으로 사 와 육수를 끓인다. 두 입술이 쩍쩍 달라붙을 듯 끈적하고 고소하고 진한, 마치 생크림 맛과도 같은 사골국이 완성된다.

어릴 때부터 좋아하던 두부 구이가 먹고 싶어서, 찌개마다 들어가는 두부의 부드럽고 고소한 그 맛이 그리워서 손두부도 만든다. 한국처럼 포장 두부를 손쉽게 구할 수 있었다면 과연 손두부 만들기를 시작이나 했을까? 유기농 마켓에서 발견한 메주콩을 사 와 밤새 불리고 갈고 끓이고 짜고 누르는 번거롭고도 인내심이 필요한 그 과정을 거쳐 마침내 두부 한 모가 완성되었을 때, 장인이 가마에서 꺼낸 자신의 도자기를 훑듯 나는 미니 돌절구로 잘 눌려진 나의 두부를 요리조리 감상한다.

무더운 여름날에는 양파와 파를 향긋하게 굽고
쓰유를 넉넉하게 달여 냉모밀 국수를 계획하고,
족발이 생각나는 날에는 돼지고기에 잡내 잡아줄
한방 재료 가득 넣어 편육으로 만들어낸다.
아프리카의 추운 겨울날에는 얼큰한 육개장이나 갈비탕 한 그릇으로
추위도 그리움의 스산한 마음도 떨쳐낸다.

영혼을 어루만지는 집밥

원하는 음식은 무엇이든 쉽게 사 먹을 수 있는 시대가 되었다고 해도 집 밥만큼 사람의 영혼을 따뜻하게 해주는 것은 없다고 믿는다. 상하이에서 살았던 신혼 시절, 남편은 집 밥에 그다지 감흥이 없는 사람이었다. 잘나가는 셰프들이 밖에 수두룩하니 요리에는 신경 쓰지 말라고 늘 내게 당부할 정도였다.

하지만 집에서 보내는 시간이 현저히 많은 아프리카의 라이프스타일에서 집 밥을 해 먹는 일은 매우 자연스러워졌다. 그리고 남편은 외식보다 더 중독적인 것이 바로 집 밥임을 비로소 알게 되었다.

한식을 한정적으로만 좋아하던 그가
양념장 넣어 차돌버섯솥밥과 곤드레비빔밥을 쓱쓱 비벼 먹으며
맛있다고 하는 것이나 매콤한 고추장찌개를 땀을 뻘뻘 흘리며
제법 잘 먹는 모습을 보면 웃음이 난다.
먹고 나면 기분이 좋아지는 집 밥에 어느새 길들여진 것이다.
이제 우리는 집 밥에 의지해 살고 있다.

엄
마
의

밥
상

엄마는 일곱 명이나 되는 대가족을 위해 매일 따끈하게 바로 지은 밥에 맛깔스러운 반찬, 국을 당연하게 차려 주셨었다. 솜씨도 좋고 손도 큰 엄마 덕분에 손님이 끊이지 않았던 우리 집. 음식을 대접받는 손님들은 누구랄 것 없이 허리띠를 풀어놓을 정도로 엄마는 동네에서 소문난 손맛을 가지고 있었다. 엄마를 유난히 아끼셨던 부잣집 고모할머니께서는 가끔 우리 집에서 며칠 머무시곤 하셨는데 우리 다섯 형제의 먹성을 보시고는 손가락에 끼고 계시던 귀한 반지를 엄마에게 빼 주고 가시기도 하셨다.

허약한 체질이라 입에서 쓴 물이 자주 올라오던 어린 시절의 나조차도 입맛 없는 게 어떤 건지 모르고 자랐을 정도로 엄마의 음식은 다디달았다. 식은땀을 많이 흘리는 탓에 먹어야 했던 어린이용 씹어 먹는 쓰디쓴 영양제는 몰래 집 밖 담벼락 틈에 쑤셔 넣거나 땅에 묻곤 했지만 엄마가 해주신 음식들은 늘 형제들과 경쟁하며 먹었다. 온 가족이 모이는 주말 저녁 밥상은 항상 잔칫상 같았고 먹성 좋은 우리를 부모님은 흐뭇하게 바라보셨다.

엄마의 밥상에 대한 그리움으로 반찬 가짓수가 많은 밥상은 언제나 나의 로망이 되었다. 젓가락이 쉴 없이 이리저리로 다니던 엄마의 밥상은 이제 과거의 추억으로 남았지만 그때의 엄마를 떠올리면 주부로서 자극을 받는다. 계절마다 다른 맛을 내던 다양한 종류의 김치, 사 먹는 건 모두 가짜처럼 느껴질 정도로 그리운 엄마의 양념게장. 또 계절마다 간장, 고추장, 된장 등의 장류를 직접 담그느라 햇볕 아래 장독대 뚜껑을 열었다 닫았다 하시던 분주함과 올해도 맛있게 잘되었다며 기쁜 얼굴을 하시던 기억이 선명하다. 지금 내 나이의 엄마는 다섯 형제를 키우면서도 가족들 잘 먹이는 일에 야무지고 빈틈이 없으셨다.

나는 그런 엄마의 요리에 늘 함께했다. 엄마는 야채를 다듬는 것부터 양념을 넣는 과정까지 늘 요령을 일러주시고 심부름을 시키셨다. 새벽 4시에 일어나서 차례상 차리시는 엄마를 돕겠다고 겨우 몸을 일으켰지만 눈도 제대로 못 뜨고 있던 나에게 엄마는 상에 올리고 남은 생선전을 보너스로 입에 물려 주셨다. "이건 아무에게도 얘기하면 안 돼."

엄마가 해주시던 그 모든 것들은 내게 최고의 음식들이고 추억이 되었다.
손이 많이 가는 음식을 하면서도 늘 가족들 먹일 생각에 즐거워하셨던 엄마.
엄마가 그러셨듯 음식을 나누며 함께하는 즐거움을 누리고 살기 위해,
나는 오늘도 단정하게 앞치마를 매고 주방에 선다.

주부 9단이나 하는 일

어릴 적 엄마 나이가 되면 매일같이 새로운 반찬 몇 가지는 자동으로 쉽게 뚝딱 만들어지는 줄 알았다. 하지만 집에 불쑥 손님이 찾아왔을 때 이것저것 꺼내 금방 한 상을 차려 내시던 엄마에게는 김치, 장아찌를 비롯해 많은 밑반찬들을 만들며 쌓은 내공이 있었던 것이다. 그리고 그런 내공은 바로 살림 좀 한다는 뜻이라는 것을 이제는 안다.

아프리카에서 문득 고추장아찌가 그리워졌는데 그 별것 아닌 것에 미련을 갖는 내 모습이 싫어서 장아찌를 담그기 시작했다. 한식은 저장 음식들이 많아 미리 해놓는 습관만 몸에 배면 한동안 느긋하게 꺼내 먹기만 하면 되는 여유도 부릴 수 있다. 텃밭의 호박과 가지는 신선할 때 햇살에 바짝 말려 놓으면 향이 좋은 나물을 언제라도 쉽게 해 먹을 수 있다.

윤이 반짝반짝 나는 텃밭의 풋고추에 구멍을 송송 내고 늦가을의 조선무와 한데 담아 달인 초간장물을 붓고 이틀에 한 번씩 세 번을 끓이고 식히고 붓고를 반복하면 일 년 내내 먹을 수 있는 아삭하고 꼬들꼬들한 무장아찌가 탄생된다. 단무지보다 훨씬 더 맛있게 김밥을 완성시켜준다. 무장아찌를 담그고 남은 무청은 삶아서 말려 시래기를 만든다. 차라리 이런 걸 시작도 못할 만큼 아는 게 없었다면 몸은 참 편할 텐데 싶다가도 잘 말려진 시래기 듬뿍 넣어 된장국 끓여 먹을 생각에 고단함도 금세 잊는다.

그렇게 나의 주방에도 하나둘 밑반찬들이 늘어간다.

텃밭에서 나온 고추와 깻잎으로는 장아찌를 만들고

알타리무로 동치미를, 돌산갓으로 김치를 담그고

얼갈이배추는 우거지를 만들어 냉동실에 보관한다.

정성 들여 가꾸고 거둔 재료로 만든 음식들이

가득 놓여진 테이블에 둘러앉아 함께 나누는 순간만큼

인생을 풍요롭게 해주는 건 없다고 믿는다.

이제 이런 일들이 내게는 일상이 되었다. 난생 처음 맡아본 한식 냄새에 아프리카 파리가 춤을 추며 우리의 식사를 방해하겠지만 팔로 휘휘 저어가며 먹는 한식의 맛은 할머니 댁에서 먹었던 그 맛과 비슷해 그리움마저 채워진다. 때로는 먹고 사는 일에 이토록 애를 써야 하나 넋두리가 절로 나올 때도 있지만 키우고 거두고 요리하는 일에 정성을 쏟을 수 있는 이런 아날로그적인 삶 자체가 어쩌면 오랫동안 내가 꿈꿔 왔던 그런 삶이 아니었나 싶다.

까탈스러운

음식 철학

저녁은 주로 그와 양식을 먹다 보니 혼자 먹는 점심이 내게는 한식을 제대로 먹는 기회가 되곤 한다. 혼자 먹는 주부의 점심상은 있는 반찬으로 신속하게 때우는 경우가 많지만 나는 오로지 나만을 위한 한식 점심으로 멸치 육수를 내어 된장찌개를 끓이고 생선을 굽고 텃밭 야채를 거두어 겉절이를 한다.

아무리 시대가 빨리 변하더라도 음식만큼은 그 흐름을 역행해야 한다고 생각한다. 천천히 그리고 전통적인 방식으로. 이것이 내가 음식에 대해 가진 철학이기도 하다. 남다른 장인 정신이 있는 식당을 방문할 것이 아니라면 조촐하더라도 음식은 내가 직접 준비하기를 선호한다. 그리고 요리하는 사람은 좀 까탈스러워야 한다고 믿는다. 후덕한 미소를 지으며 조미료와 설탕과 물엿을 들이붓는 식당 아주머니에게는 신뢰를 느낄 수 없다. 개인적인 취향일 뿐이지만 어느 분야에서건 깐깐하고 유별난 사람이 좋다.

우리 그릇

찬양

매번 한국 방문 때마다 끙끙대며 들고 온 돌솥과 방짜 유기, 대나무 바구니, 칠기 찬
합에 다양한 도자기 식기들은 한식에 화룡점정을 찍는 일등공신이 된다. 외국 친구
들은 한국 전통 식기들이 신비롭고 예술품처럼 아름답다며 찬사를 아끼지 않는다.
단아한 무채색의 무명 한복에 행주치마를 두르고 장작불에 올린 가마솥에 곤드레밥
을 지어 손님을 맞고 싶다는 소망이 있다. 현실로 가능할 일인지는 살아 보면 알게
될 테지만 말이다.

이 정도의
집 밥

기회가 닿는 모든 이들에게 한식의 맛을 알게 해주고 싶은 나름의 사명감이 내게는 언제나 불끈불끈하다. 게다가 엄마를 닮아 나도 손이 크다. 맛있게 음식을 하는 것보다 적은 양의 음식을 만드는 것이 훨씬 어렵게 느껴진다. 남들에게 대접하기 좋아했던 엄마와 마찬가지로 나도 음식으로 마음을 표현하는 걸 좋아하는데 외국 친구들에게 한식을 선보일 때는 뿌듯함 이상의 자부심이 있다.

한식을 해 달라고 조르던 다국적 친구들을 위해 어느 날 맘먹고 음식 장만을 했다. 윤이 반짝반짝 나는 유기 그릇에 밑반찬들을 담고, 뚝배기에는 구수하게 된장찌개를 끓였다. 불고기와 사색전까지 더해 푸짐한 밥상이 완성되었다. 두 눈이 휘둥그레진 친구들에게 한국 사람들은 집에서 늘 이렇게 먹는다고 허세까지 부렸다.

유기 그릇과 뚝배기들이 큰일을 해낸 날이었다. 한 친구는 유기 그릇의 기품에 푹 빠져 거기에 담긴 모든 음식들이 노래를 부르고 있는 것 같다며 감탄을 금치 못했다. 다만 그야말로 전쟁터 같은 잔해를 남겨 놓은 주방의 뒷모습을 본 친구들은 고마움 이상의 미안함을 가졌었는지 그날 이후 두 번 다시 집 밥을 해 달라고 조르는 일이 없었다.

Rainy
day
soup

나는 비 오고 흐린 날씨를 좋아한다. 그래서 거의 매일같이 햇살이 반짝이는 조벽에서는 천둥 번개와 소낙비가 잦아지는 우기를 기다리게 된다. 모처럼 아침부터 온종일 비가 보슬보슬 내리는 보너스 같은 날. 텃밭 일도 외출도 모두 다음 날로 미루고 집에서 수제비를 만들어 먹는다. 진하게 우려낸 멸치 육수에 백합 살과 호박을 썰어 넣고 30분간 냉장고에서 숙성시킨 밀가루 반죽을 손으로 떼 넣어 수제비는 완성이 되었다.

일찍 퇴근한 그가 무슨 음식을 먹고 있는지 궁금해하기에 "Rainy day soup"이라고 했다. 비가 오면 한국에서 해 먹는 음식이라고 설명해 줬다. 김치를 만드는 날에는 남은 양념장을 된장과 함께 끓여서 Kimchi day soup, 미역국은 Birthday soup, 떡국은 New year day soup. 제대로 음식 이름을 알려주지 않고 늘 이런 식이다. 스토리텔링이 대세라는데 우리는 무슨 날이면 챙겨 먹는 음식도 참 다양한 듯싶다.

아프리카에서의
명절 음식

한국의 명절 때가 되면 계절이 반대인 아프리카에서도 명절 기분을 내고 싶어진다. 추석에 떡국을 먹기도 하고 설날에 동지팥죽을 먹는 등 엉망진창인 경우가 대부분이지만 오늘은 차례를 지내고 남은 나물들을 가득 넣어 비벼 먹는 비빔밥이 생각나 한국에서 가져온 말린 고사리와 토란, 참나물을 삶고 불린다. 텃밭에서 거둔 호박과 포항초시금치까지 더하니 그야말로 한국과 아프리카의 콜라보가 완성이 된다. 송편 몇 알만 있었다면 추석 무드가 더 제대로였을 텐데. 내년 이맘때는 솔잎을 준비해놔야겠다.

끝없는 미션

할머니가 되어서 마음 맞는 친구들과 함께 국수를 밀어 먹으며 수
다스러운 시간을 보내는 그런 단란함을 생각해본 적이 있었는데
그 시간이 예정보다 몇십 년이나 당겨졌다.

조카의 먹고 싶다는 말 한마디에 국수는 물론이고 완탕피까지 밀
게 된 날. 구수한 향이 좋은 밀가루를 반죽해서 밀대로 꾹꾹 눌러
얇게 민 후에 돌돌 말아서 칼로 쓱쓱 써는 느낌이 정겹기까지 하
다. 반죽의 탄력이 너무 강력해서 아무리 밀어도 다시 원상 복구
되는 바람에 있는 힘 모두 쏟아 밀대 작업을 하고는 2시간 동안 소
파에 쓰러져 버렸다.

집 밥을 좋아하는 조카아이들도 합세해서 만두와 국수를 만드는
날이면 주방은 아이들의 재잘거림과 웃음소리로 가득하다. 집 밥
에 들어가는 정성을 가르치기 위해서 엄마가 그러셨듯 나도 언제
나 아이들과 함께 요리를 한다. 만두피 정도는 이제 아이들에게
맡겨 놓아도 될 경지에 이르렀다. 그렇게 모두가 함께 만든 국수
와 새우가 듬뿍 들어간 새우완탕까지 완성된 날. 고단했지만 이것
까지 해냈구나 하는 뿌듯함으로 미소 짓게 되었다.

03

함께하는 글로벌 밥상

느끼한 음식을 먹고 난 후 속이 니글거리는 그 느낌을 설명해도 알 길이 없는 서양인 남편. 때로는 김치찌개에 밥 한 공기면 딱 좋겠다 싶을 때 그는 잘 구워진 닭가슴살에 크림페스토 소스가 먹고 싶다고 한다. 함께 즐길 수 있는 음식들의 레시피를 찾고 시도하다 보니 어느새 나의 주방에서는 수많은 국적의 요리들이 나만의 방식으로 재탄생되고 있다.

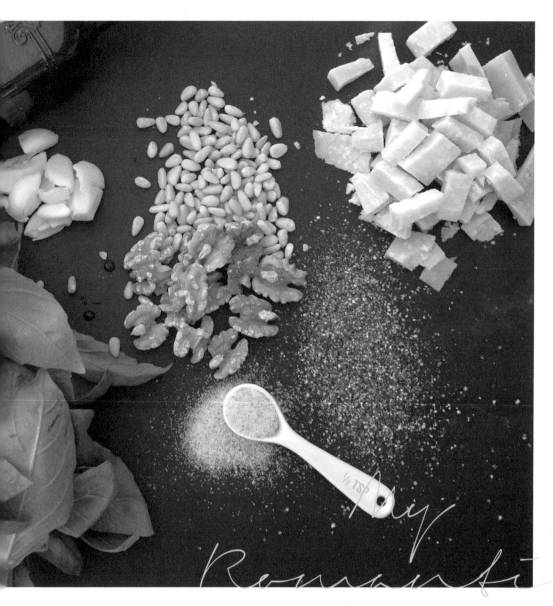

My
Romantic
Africa

Mexican Fever

미국 유학 시절 처음 맛본 멕시코 음식들은 실로 신세계였다. 토마토와 할라피뇨가 듬뿍 들어가 개운한 토마토살사부터 아보카도에 중독되게 만드는 과카몰리까지. 베트남국수를 처음 먹을 때는 고수 때문에 헛구역질까지 했었는데 멕시코 음식에 입문하면서 비로소 고수의 매력에 빠져들게 되었다.

데이트를 시작하고 그가 처음 나에게 해준 요리도 놀랍게 멕시코 음식이었다. 외식 메뉴로만 생각했었는데 곱게 간 소고기에 양파를 다져 넣고 시즈닝믹스를 부어 만든 타코라니. 헐, 이렇게 쉽고 아무것도 아닌 거였어?

그 후 나의 멕시코 요리도 시작됐다. 요리책과 요리 방송을 보며 양념이나 조리 방법도 계속 업그레이드되었다. 색감마저 알록달록 화려하고 예쁜 멕시코 음식은 이제 어떤 손님이 와도 자신 있게 내놓을 수 있는 우리 집 시그니처 디쉬*Signiture Dish*가 되었다.

모두가

사랑하는

이탈리안

이탈리아 요리는 실패 없이 모두가 좋아하는 메뉴이자 한식을 좋아하는 나와 양식을 좋아하는 남편이 가장 쉽게 합의를 볼 수 있는 메뉴이기도 하다.

150도 오븐에서 3시간 구운 토마토를 사골 육수와 함께 끓여 진하게 만든 토마토 소스 하나면 수프부터 파스타, 미트볼스튜, 피자까지 다양하게 만들어 먹는다. 엔초비를 넉넉하게 넣은 시저 샐러드는 한식의 겉절이 같은 개운함이 있어서 닭가슴살을 푸짐하게 구워 함께 내면 메인 요리로도 손색이 없다. 텃밭의 바질이 한가득 수확된 날에는 잣, 파마잔 치즈, 질 좋은 남아공산 올리브오일을 넣어 바질페스토를 만들어 놓으면 수시로 파스타에도 버무려 먹고 샌드위치와 샐러드에도 곁들여 먹는 만능 양념장이 된다.

We are the world

미고렝, 팟타이, 감바스알아히요, 베트남국수, 챠우멘….
많은 나라를 여행하면서 즐겨본 다양한 음식들은 부족하
지만 나의 주방에서도 엇비슷하게 탄생되고 진보되어 가
고 있다. "우리 지금 동경에 있는 거야?" 돈가스를 먹으며
능청스럽게 칭찬해주는 그에게 "우리 내일은 어느 도시로
가볼까?" 하며 맞장구를 쳐본다. 아프리카에서 우리는 유
럽도 아시아도 우리만의 방식으로 날마다 자유롭게 넘나
들고 있다.

Sunday Dinner

유명한 미슐랭 요리사들도 가장 좋아하는 집 밥으로 꼽을 정도로 치즈토스트는 서양인들에게 간단하고 만족도 높은 한 끼 음식이다. 우리 집에서도 일주일에 최소 두 번은 파니니 그릴에 치즈가 듬뿍 들어간 샌드위치를 넣고 지글지글 맛있게 구워지기를 기다린다. 속 재료는 그때그때 달라지지만 한 입 물면 감탄사가 저절로 나올 정도로 치즈토스트는 한식의 김치찌개만큼이나 흔하지만 기분 좋아지는 집 밥이다.

휴일 저녁이 되면 주방에서의 분주함은 잠시 내려놓고

또 다른 간단한 식사를 준비한다. 냉장고에 있는 각종 햄과 치즈,

야채와 과일 그리고 몇 가지 디핑소스들을 한꺼번에 담아낸 플래터는

특별한 조리 없이 재료 배치만 해놓고 알아서 덜어 먹게 한다.

집에 있는 식재료들을 알뜰하게 소진하는 우리만의 간편한 방식이기도 하다.

His Comfort Food

먹는 것만으로도 마음이 따뜻해지고 행복해지는 영혼의 음식. 그를 위한 메뉴가 고민이 될 때는 손이 조금 가지만 성공률 100%인 그의 컴포트푸드*Comfort Food：향수어린 음식*를 만든다. 요리가 서툰 미국인 친구이자 이제 막 새댁이 된 케이트는 집에 들어섰을 때 뭉근하게 나는 비프스튜의 향기가 좋아서 스튜를 자주 끓인다고 했다. 스튜 향의 방향제가 있다면 당장 살 거라는 그녀는 비프스튜야말로 따뜻한 집을 상징하는 진정한 향기라고 했다. 나는 오늘 어떤 음식의 향기로 퇴근길 집에 들어서는 그를 맞이할까?

갖은 해산물을 넣어 걸쭉하게 끓인 해산물스튜에 매쉬드포테이토나 얇게 저민 감자를 켜켜이 올려 오븐에 구운 해산물팟파이*Seafood Pot Pie*, 한식의 갈비찜에 비유할 만한 것으로 레드 와인과 사골 육수가 듬뿍 들어간 프렌치 비프브루기뇽*Beef Bourguignon*, 각종 허브와 레몬, 마늘과 함께 오븐에서 1시간 반을 구워낸 로스트 치킨과 그 육즙으로 만든 그레이비 소스를 함께 내는 로스트 포테이토, 그리고 영국 태생답게 세상에서 가장 좋아하는 뱅어스앤매쉬.

어릴 적 추억이 담겨 있어

할아버지 할머니 이야기까지 나오게 하는 그의 컴포트푸드를 함께 나누다 보니

이제 그 음식들은 내게도 따뜻한 감성이 깃든 소울푸드가 되었다.

시아버지의 스테이크

남아공의 프랑스 마을 프렌쉬혹에 사시는 시아버지께서는 여름이면 그곳 별장을 찾아오는 독일, 오스트리아, 스위스 친구분들과의 사교로 바빠지신다. 오늘 저녁에는 먼저 오신 독일 친구분을 초대하셔서 이웃 와이너리에서 배달시킨 와인과 함께 직접 스테이크를 구워 손님맞이를 하시기로 했다.

내가 배운 스테이크는 고열에 고기 겉면이 연갈색이 되도록 굽는 것이 생명인데 요리 꽤나 하시는 시아버지께서는 어쩐 일인지 약한 불에 올린 팬에 버터를 흥건하게 녹이시고는 열이 채 오르지도 않았는데 고기를 올려 스테이크의 육즙이 흘러내리도록 구우시는 게 아닌가. 당황스러움에 "아버님 치~~익! 고기 굽는 소리가 안 나잖아요!"라고 말하고 싶었지만 입을 틀어막고 지켜볼 수밖에 없었다.

레어를 원하시는 독일 친구분의 스테이크는 그렇게 한두 번 뒤적이시더니 핏기만 간신히 가신 회색빛 고깃덩어리 한 점을 다 되었다고 서빙을 하신다. 미디엄 웰을 주문한 우리의 것은 그나마 좀 더 팬에 머무는 시간이 길었지만 역시 긴가민가했다.

자리에 모두 앉아 식사는 시작되었고 스테이크를 큼지막하게 썰어 입에 넣는 순간, 이렇게 부드럽고 맛있을 수가! 잠시나마 아버님의 요리를 의심했던 것을 반성하며 마지막 한 조각까지 남김없이 먹었다.

남아공 미식의 고장에서 레스토랑 세프의 음식을
먹지 못해 생겼던 약간의 서운함은 눈 녹듯 사라졌다.
그날 저녁 아버님은 그 동네 최고의 세프이셨다.

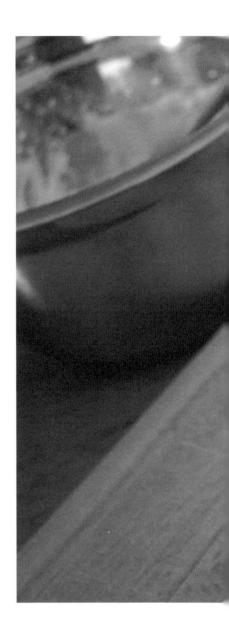

04

초보 홈베이킹

———————

특별한 날이 아니어도 식사 후 내놓는 디저트 한 접시나 발효빵이 구워지면서 나는 이스트 향기는 평범한 날을 더 근사하게 만드는 마법의 효과가 있다. 레시피를 기웃거리지 않고도 뚝딱 만들어 내놓을 수 있는 디저트와 빵 몇 가지는 언제나 나름의 과제이고 로망이다.

———————

My
Romantic
Africa

이상적인 디저트

오후에 불쑥 찾아온 누군가에게 내놓을 수 있는 홈메이드 케이크 한 조각과 차 한 잔은 내가 가장 이상적으로 그리는 손님맞이의 모습이다. 하지만 케이크가 매일같이 갖추어져 있는 건 현실적으로 참 힘든 일이다. 유효 기간 내에 모두 소비하려면 집에 손님이 끊이지 않거나 나 혼자 처리하느라 후덕한 모습으로 변해있을 테니 말이다.

서양인들에게 가장 무난한 케이크이며, 남편 역시 가장 좋아하는 초콜릿 케이크. 가장 많이 시도했지만 같은 레시피임에도 구울 때마다 신기하게도 매번 다른 결과물로 나온다. 늘 등줄기가 오싹해질 만큼의 변수들이 도사리고 있어 끝까지 긴장을 놓을 수 없는 베이킹이지만 많은 사람들을 즐겁게 해주는 매력이 있는 작업이다.

나는 과일을 좋아하지만 익힌 과일의 식감은 영 별로인데 남편은 초콜릿 케이크 이
상으로 애플파이를 좋아한다. 사과가 듬뿍 나오는 계절, 오로지 그를 위해서 만든
파이였는데 맛만 보려 했던 내가 더 달려들고 있었다. 따뜻할 때 아이스크림과 곁들
여도 좋지만 차가운 상태로도 그만인 디저트. 혼자만 누릴 수 있는 건 이제 없는 거
냐며 쑥쑥 줄어드는 파이를 보면서 남편은 서운해했다.

서툰 홈베이킹이지만 좋은 재료에 정성만큼은 누구에게도 뒤지지 않을 자신이 있다
보니 이제는 친구네 파티에도 케이크를 들고 가겠다고 말하는 무모함을 발휘하기도
한다. 때로는 근사한 메인 메뉴보다도 더 환영과 칭찬을 받기도 하니 수고 이상의
보람이 있는 일이다. 상큼한 라임즙을 아낌없이 넣고 버터크림치즈 아이싱을 올린
빅토리안스폰지케이크는 친구의 깜짝 생일파티를 위해 구웠다. 정원에서 딴 가장
예쁜 색의 수국 한 송이를 올린 케이크는 여자들만의 모임에 가장 잘 어울리는 산뜻
함을 선사했다.

아침을

여는

비스킷

남편은 아침에 눈을 뜨자마자 진하게 우려낸 홍차에 우유를
넣은 티와 함께 오물오물하기 좋은 쿠키나 잠이 후딱 달아날
만큼 딱딱한 남아공 비스킷, 러스크가 상비되어 있어야 한다.
특히 건강한 재료들을 듬뿍 넣어 집에서 구운 쿠키나 비스킷
은 아침을 열어주는 좋은 에너지들로 가득하다. 모닝티와 함
께 두 개 정도 먹으면 간단한 아침식사가 되기도 하고 오후
티타임에는 좋은 간식이 된다.

"비상이야! 내일 아침에 먹을 비스킷이 하나밖에 남지 않았어.

지금도 먹고 싶지만 내일 아침을 위해서 참아야겠어."

웬만해서는 음식을 내일을 위해 남겨두지 않는 사람이지만

비스킷 없는 모닝티는 김치 없이 먹는 라면과 같은가 보다.

대체 불가의 맛, 단팥빵

한국에서 빵집에 들어가면 내 바구니에서 빠지는 법이 없던 단팥빵. 발효된 구수한 빵 사이로 가득한 팥소의 맛은 대체 불가한 맛이었다. 카스테라나 슈크림빵 등은 아프리카에서도 입맛에 맞는 것을 대충 구할 수 있지만 단팥빵만은 쉽지가 않다.

그래서 시작된 단팥빵 만들기. 3차 발효까지 마친 빵 반죽에 직접 끓이고 졸인 팥소를 넣어 빚은 단팥빵이 완성되었을 때는 냉큼 먹지 못하고 한참을 들여다보았다. 이렇게 힘든 과정을 거쳐서 이 빵 하나가 탄생하는 거였구나! 수많은 동네 빵집 주인들이 그렇게 위대하게 느껴질 수가 없었다. 한국에서 맛보던 단팥빵 맛에는 못 미쳤지만 충분히 추억하고 위로받을 수 있었다.

파인애플 꽃을 올린 와플

디저트가 급하게 필요할 때 가장 신속하게 있는 재료들로 만들어낼 수 있는 것은 와플이다. 물론 반죽을 하루 정도 숙성하면 더 맛있어진다. 버터 맛이 고소한 와플은 올리는 토핑에 따라 맛과 모양을 다양하게 낼 수 있어 디저트로서 훌륭하다.

아주 얇게 저민 파인애플은 오븐에서 두 시간 동안 구우면서 머핀 틀에 걸쳐서 꽃 모양으로 만들어 타지 않도록 내내 들여다보며 꾸덕꾸덕하게 만들어냈다. 일 없는 날에나 가능한, 일을 만드는 일을 하고 있었다. 평범한 와플에 파인애플 꽃이 올려졌을 때 특별할 것 없는 집 밥을 먹으러 왔던 손님들은 갸륵한 정성에 감동하고 있었다.

1차 발효, 2차 발효 이런 이야기만 나오면 그 레시피는 가차 없이 넘겨 버리던 때도 있었다. 하지만 아프리카의 슬로우 라이프에 익숙해져서인지 아니면 나이가 조금 더 들어서인지 기다림에 대한 여유가 생겼고 텃밭과 주방을 오가며 소소하게 작업하기 좋은 발효빵의 매력을 알게 되었다. 이제는 여행지의 코티지에서 한적하게 와인 한잔 마시며 책을 읽으면서도 몇 시간에 걸쳐 발효를 시키고 빵을 구워 내 모두의 코를 쿵쿵대게 만드는 재미에 빠졌다. 탄수화물을 입에 대지도 않는 친구들마저 군침을 가득 흘리게 하는 이스트 향기. 뜨끈한 빵 한 조각에 버터를 잘 펴 바른 것만큼 설레는 맛이 있을까?

크루아상은 기다림에 있어서는 역대급이다. 크루아상의 레시피를 우연히 알게 된 후 내 생에 홈메이드 크루아상은 없겠구나 생각했었다. 발효를 거쳐 수많은 겹을 내기 위해 3일 동안 반죽을 밀었다 접었다 반복해야 하니 말이다. 어렵진 않았지만 3일 동안 꽤나 집중해야 했던 크루아상 만들기. 동네방네에 홈메이드 크루아상을 먹어는 봤느냐고, 곧 그 엄청난 맛을 보게 될 거라며 설레발도 쳐 놓았는데 결과는 기대에 미치지 못했다. 하지만 언제든 제맛을 낼 때까지 도전해볼 생각으로 냉장고에 버터를 가득 쟁여 두고 있다.

05

아프리카 나의 주방

다양한 요리들이 탄생되는 마법의 공간. 끊임없이 새로운 요리들을 만들어내며 나의 주방은 그렇게 창조적이고 설레는 공간이 된다. 나의 작고 프라이빗한 스튜디오는 오늘도 풀가동 중이다.

My
Romantic
Africa

그
녀
의

생
일
상

My Romantic

메이드 베로니카의 생일을 맞아 따뜻한 베트남국수를 대접하기로 했다. 유심히 내가 하는 걸 먼저 지켜보던 그녀는 아주 많은 양의 고수를 넣고 라임도 나를 따라 두 쪽이나 즙을 짜고는 국물에 담근다. 고추는 덜 맵다며 더 줄 수 있느냐고도 묻는다. 나보다 강적이다.

처음 먹어보는 맛에 그녀는 계속 감탄을 하고 있지만 혹시나 하는 마음에 입맛에 맞지 않으면 샌드위치를 만들어 먹어도 좋다고 했다. 그리고 역겨워서 제대로 먹지 못했던 나의 첫 베트남국수 경험을 이야기해 주었더니 그녀는 겨울에 먹는 따뜻한 이 국물 맛이 좋다고 한다. 베트남 음식이라고 설명을 해주고는 있었지만 그녀가 베트남이라는 나라를 알고 있는지는 알 길이 없었다. 그날 우리는 아프리카에서 동양 음식을 먹으며 아주 먼 나라 이야기들을 쉼 없이 나누고 있었다.

세계로

뻗는

제육볶음

스코틀랜드와 호주에서 온 대가족을 이끈 우리의 베프 커플 그리고 한국에서 온 우리 가족들까지 그렇게 두 대가족이 함께 사파리 여행을 떠났다.

첫 저녁은 우리 가족의 제육볶음과 그들 가족의 피자. 각자 준비해서 함께 나눠 먹자고 했는데 고소한 향기의 피자가 오븐에서 이미 따끈하게 나와 있는데 어느 누구도 거들떠보지 않고 있었다. 제육볶음의 환상적인 향기와 갖가지 쌈 채소들에 가족들은 이미 그 주변을 둘러싸고 있었다. 외할머니께서 직접 담가 보내주신 된장으로 만든 쌈장까지 식탁에 올린 후 그들에게 제육볶음 쌈을 시연해주었다. 상추 하나, 깻잎 하나, 쑥갓도 하나, 풋고추 손으로 뚝 부러뜨려 한 조각, 쌈장과 제육볶음 듬뿍에 밥까지. 처음 보는 야채들이 쉼 없이 쌓여가고 그 위에 올라가는 재료들이 신기하기만 한 눈빛들.

어느새 거대한 쌈 하나가 완성되었고 시연이 끝난 그 첫 번째 쌈은 가장 연장자 할아버지 입에 넣어드렸다. 한국에서는 가장 연장자가 수저를 들기까지 모두 기다려야 한다는 이야기와 함께 보아하니 너네 문화에서는 할아버지 할머니 순서를 뒷전으로 하고 애들부터 챙기는데 그건 우리 문화에서는 예의 없는, 그러니까 막돼먹은 자식들이나 하는 행동이라고도 했다. 할아버지 할머니께서는 한국의 문화가 정말 마음에 든다며 박수까지 치면서 좋아하셨다.

젊은 세대 위주의 여행에서 늘 뒷전으로 밀려 미소만 지으시던 할아버지께서는 그날 기대치도 않게 연장자 대접을 받아 기분이 좋으셨는지 목소리에 꽤나 힘이 들어가 쩌렁쩌렁하셨다. 나중에 알고 보니 일평생 매운 음식은 입에 담고 싶어 하시지도 않으시고 낯선 음식은 시도조차 하시지 않는 분이셨다. 다음의 쌈은 내가 먹으려고 했는데 할머니의 눈빛이 강렬하고 뜨거웠다. 할머니 입에도 쌈을 넣어드리고 나니 다들 내가 싸줄 쌈을 기다리며 나만 쳐다보고 있다.

"자자, 이제 각자 취향껏 직접 싸 드세요!!!"

요리는 ——

즐거워 ——

매일같이 루틴으로 해내야 하는 요리가 늘 내키는 것만은 아니다. 때로는 간단히 피자를 배달시켜 먹거나 인도 음식을 포장해 와서 먹기도 한다. 그러나 한가득 나오는 일회용기들을 버릴 때 오늘 한 끼를 간편하게 잘 해결했구나 하는 뿌듯함보다는 내일은 부지런하게 다시 음식에 정성을 들여야겠다는 다짐을 하곤 한다.

퇴근길 집으로 돌아오는 그를 따뜻한 집 밥의 향기로

맞는다는 건 그의 친구들에게는 가장 부러운 일이기도 하다.

대부분 맞벌이 부부에 남자들이 요리를 하는 집도 과반수.

완제품을 사 와서 데우는 정도로

간단하게 때우는 게 대부분인 그들의 평일 저녁.

전업주부가 텃밭에서 나는 제철 식재료로

매일같이 다양한 국적의 요리를 만들어낸다는 것은

늘 그들의 화두에 오르곤 한다.

멋 내며

산다는 것

시골에서 평생 농사만 지으셨지만 알록달록 들꽃을 수북이 꽂은 플라스틱 물병을 텔레비전 옆에 놓아두곤 하시던 나의 외할머니도 타샤 할머니처럼 멋과 낭만을 아는 여인이라며 늘 감탄을 하곤 했었다. 농사는 물론이고 바느질에 일가친척들을 위한 온갖 장류와 음식들뿐 아니라 집 안의 어지간한 보수까지도 직접 다 해내시던 외할머께 할머니 같은 분이 또 계시다며 타샤 할머니의 책을 보여드리던 날, 외할머니는 "내 손과 똑같네!"라고 웃으시며 마치 오랜 친구를 만난 듯 다정하게 사진 속 타샤 할머니의 두툼해진 손을 어루만지고 계셨다.

정원에 예쁜 꽃들이 가득한 계절이 되면 나는 사람들을 불러들일 계획으로
분주해진다. 할머니가 되어서도 희고 고운 손이 되도록 잘 가꾸어야지 했었는데,
정원 일이며 주방 일로 거칠어져 가는 나의 손을 볼 때마다
그 어떤 손보다 아름다웠던 할머니의 투박한 손을 떠올린다.

충분히 도시적으로 살 수 있고 충분히 멋을 더 부릴 만큼의 젊음이 있는데 이제 나는 과거에 나를 치장하던 정성과 시간을 정원과 주방에 바친다. 하나둘 손때가 묻어가는 살림이 늘어가면서 나의 살림 역사도 이야기도 깊어진다. 그리고 식탁을 둘러싸고 모여 앉은 이들에게 나만의 손맛과 재치에 멋을 더해 만들어낸 요리를 대접하는 것은 내가 일상에서 가장 크게 누리는 즐거움이 되었다.

 06

Farm to Table

———————

텃밭에서 갓 수확한 야채들로 샐러드를 만들고 정원에서
딴 수국과 장미를 꽃병에 수북이 담아 식탁 위에 올리며
손님을 기다리는 일상. 꿈꾸기조차 주저했던 그런 꿈같은
삶은 남아공 한쪽 작은 텃밭과 정원이 내게 안겨준 커다란
기적이다. 그렇게 기적은 매일 일어나고 있다.

———————

나의
로망
키친가든

텃밭에서 갓 따 온 채소들로 쌈을 준비하고 씨앗 듬뿍 뿌려 거두어낸 야채들로 김치를 담그는 건 차마 꿈꾸기에도 벅찰 만큼 큰 로망이었다. 5년 차가 되었지만 아직도 이 작은 텃밭이 해내는 업적들이 신기하고 기특할 뿐이다. 그리고 끊임없이 나오는 그 수확물들을 버림 없이 알뜰하게 소비하는 바지런함도 해가 지나면서 더욱 능숙해지고 있다.

매일 나의 주방에는 계절과 상관없이
텃밭에서 공급되는 귀한 한식 재료들이
풍년의 기쁨을 더해주고 있다.

텃밭을
맛보러
온
손님들

텃밭에서 자라고 있는 깻잎, 봄동, 쑥갓, 열무 그리고 풋고추까지. 그들에게는 한없이 이국적인 나의 수확물들을 맛보러 온 날이다. 인도, 미국, 스코틀랜드, 남아공 그리고 한국 출신까지 국적도 인종도 다양하게 모였다.

봄동과 깻잎 위에 불고기를 올리고 쌈장을 올려 쌈을 싸 먹는 법을 처음 알게 된 사람들. 서툴지만 즐겁게 한식의 맛을 음미하는 모습이 흐뭇했다. 난생 처음 먹어봤을 해물전과 불고기는 그날 최고의 인기 메뉴였다.

남아공의 인종차별 문제는 아마도 전 세계를 통틀어도 손꼽히게 후진적일 것이다. 사교로 만나는 개인적인 만남에서조차도 서로가 민감하고 조심스러운 부분들이 분명 있으니 말이다. 하지만 낯설고 이국적인 동양의 음식을 함께 즐기며 우리는 조금 더 웃고 조금 더 다정한 시간을 보내고 있었다.

농 장 파 티

부모님께서 물려주신 작은 땅에서 오빠는 주말 농사를 짓고 농
작물을 거두었다. 그리고 도시에서는 구경하기 힘들기에 직접
지은 농사의 귀한 수확물을 맛보자며 지인들을 불러 작은 파티
를 열었다.

포슬포슬한 감자로는 닭 육수를 내어 수프를 만들고 토마토와 양
파, 마늘은 오븐에 오래 뭉근히 구워서 토마토 소스를 만들었다.
올리브오일과 잣, 파마잔 치즈를 듬뿍 넣어 만든 바질페스토는 치
아바타 발효 반죽에 넣어 구워냈고 가지, 호박, 파프리카 등 갖가
지 야채들은 얇게 저며 미리 구운 후 손님들 구미에 맞게 피자 위
에 올리기로 했다. 내가 요리를 담당하는 동안 농장에서 한가득
따 온 농작물과 꽃으로 파티를 멋스럽게 꾸미는 동생. 그렇게 우
리 형제자매들은 농사와 요리와 데코의 삼중주를 만들어내며 손
님들에게 수확의 기쁨과 정성을 선사했다.

파티가 끝난 후 돌아가는 손님들에게는 소쿠리마다 넘치게 거둔

참외, 풋고추, 블루베리, 마늘과 같은 식재료는 물론이고

아름다운 꽃까지 한아름 안겨주었다.

나 역시 텃밭을 가꾸다 보니 알게 되었다.

한꺼번에 거둔 수확물들은 가장 신선하고 맛이 있을 때

아낌없이 사람들과 나누어야 한다는 것을.

매해 한국의 그곳에서 여전히 오빠는 풍년의 농사를 지어내고 동생은 그 수확물을 열심히 지인들에게 선물한다. 추수가 한창인 계절이 되면 그 기쁨을 함께 누리고 싶어서 몸이 들썩이는 나, 또다시 그곳에서 거둔 재료로 요리를 하고 지인들을 초대하여 오붓한 파티를 할 수 있을지 기대해 본다.

My Romantic Africa

Chapter 05

아프리카를 여행하다

African Holiday

① 가든루트 *GARDEN ROUTE*

일 년 내내 온화한 날씨와 함께 해안선을 따라 300km에 걸쳐 숨 가쁘게 펼쳐지는 아름다운 풍경들이 인상적인 곳. 다양한 자연생태계가 보존되고 있는 생명력 넘치는 곳. 한국에서 온 가족, 친구들과 여러 차례 장기간의 자동차 여행을 했지만 아직도 탐험할 곳들이 수없이 남아있는 곳. 가든루트는 언제라도 떠나고 싶은 마음에 설레는 곳이다.

My
Romantic
Africa

277

꽃밭을 오르던 산책

허마너스*Hermanus* 펀클루프 자연보호구역*Fernkloof nature reserve*의 하이킹 코스는 고된 산행을 하지 않아도 근사한 바다와 산을 감상할 수 있는 곳이다. 멀리서 보면 거친 풀과 키 작은 나무들만 있을 것 같은데 산으로 들어서 보면 이국적이고 아름다운 야생화들로 가득하다. 이름 모를 수많은 꽃과 식물들을 들여다보느라 한 걸음 전진하기도 쉽지 않다 보니 보여주고 싶은 경치가 아직도 많이 남아 있는데 하이킹 진도를 영 내지 못하고 있던 일행들은 해가 넘어갈 듯한 기운이 가득해져서야 발걸음에 속도를 붙였다.

거대한 산에 통째로 꽃꽂이를 해 놓은 것 같은 그곳의 풍경은 주어진 시간 내에 모든 것을 느끼기에는 역부족이었기에 마음만 분주할 뿐이었다. 하이킹을 마치고 내려오는 길에 들른 입구의 작은 전시관은 시간이 늦었음에도 문이 잠겨 있지 않았다. 자연보호구역에서 야생으로 자라는 모든 종류의 식물류가 전시되어 있는 곳이었다. 직원들은 매일 아침 이 작은 병들에 모든 종류의 야생화들을 하나도 빠뜨리지 않고 채집해서 꽂으며 하루를 시작하는가 보다. 이 정도의 근무환경과 업무라면 꽤 할 만하겠다며 누군가의 바지런한 노고에 미소 짓고 있었다. 강아지와 느긋하게 산책을 하며 앞서가고 있던 노부부의 모습까지 더해진 그날 저녁은 아름다운 풍경에 대한 완벽한 정의를 내려주고 있었다.

Tip of Africa

아프리카 대륙의 최남단*Tip of Africa* 아굴라스 곶은 궂은 날씨와 예측할 수 없는 급물살로 노련한 선장들도 암초를 피하지 못해 배가 침몰하는 비운의 사고들이 수도 없이 일어났던 곳이었다. 지금의 그 해안가에는 거친 파도가 앗아간 수많은 영을 기리며 옛 난파선 한 척이 놓여져 있다. 수 세기 동안 수많은 배가 침몰해 사람들의 생명을 앗아간, 대서양과 인도양이 만나는 죽음의 바다.

바람이 잔잔한 날이 거의 없는 그곳 바닷가에 서 있으면
거대한 자연 앞에서 한없이 나약한 인간의 존재를 느끼며
숙연해진다. 아프리카 대륙의 최남단에 서 있다는 것만으로도
묘하고 신비로운 느낌. 구글맵으로 나의 위치를 다시 확인해 보며
내가 아프리카에 있다는 사실에 새삼스레 신기해했다.

석양빛 노부부

남아공 남단 해안가의 아름다운 마을 모셀베이Mossel Bay에 도착한 우리는 숙소에 짐을 던져 놓고 해 질 무렵 해변가로 산책을 나섰다. 해변으로 내려가는 계단이 시작되는 언덕 위의 전망 좋은 벤치에는 한 노부부가 조용히 앉아 있었다. 우리가 바닷가 산책을 마치고 돌아올 때까지 그 자리에 여전히 계시던 노부부는 이따금씩 대화는 하고 있는지 알 수 없을 정도로 미동도 없이 물끄러미 바다만 바라보고 계셨다. 반평생을 함께한 두 사람에게 이런저런 대화가 필요하기나 했을까? 평화롭고 믿음직스러워 보이는 뒷모습이었다.

부부가 함께 나이 들어 가는 것,

남남이 만나서 서로를 사랑해주고 보듬어주며 산다는 것은

참 신비한 일인 것 같다는 생각이 들었다.

모셀베이 해변가의 첫인상은

그 노부부의 아름다운 뒷모습과 함께 저장되었다.

희망을

남기고

돌아온

희망봉

아프리카 대륙 남서쪽의 끝에 있는 희망봉*Cape of Good Hope*. 유럽에서 아시아로 가는 항해로가 발견되면서 '희망봉'이라 불려졌지만 그 이전에는 선박의 무덤으로 악명을 떨쳤던 곳이다. 이름도 희망봉이 아니라 '폭풍의 곶'이었다고 한다. 인도와 중국에서 향신료를 구하기 위해 해상무역로를 탐험하던 포르투갈의 디아스가 처음 발견한 덕분에 대규모 해상 진출이 본격적으로 가능하게 되었다. 풍경 자체만으로도 충분히 멋지고 근사한 곳이지만 역사 한 조각 더해지면서 경건함까지 느끼게 되는 곳이다.

언제나 바람이 거세고 하늘과 날씨가 수시로 바뀌는 희망봉에서는 귀에 스치는 바람 소리에 귀가 얼얼해지고 정신이 멍해질 정도다. 아굴라스 곶과 희망봉 중 대서양과 인도양이 만나는 곳이 어디냐를 두고 아직도 논쟁이 끊이지 않는다고 하는데 관광객 수로 봤을 때는 희망봉이 언제나 압도적으로 승이다. 오늘도 수많은 관광객들로 가득한 희망봉 팻말 앞에는 커다란 희망 하나씩을 마음에 품고 사진을 찍는 사람들로 줄 행렬이 이어진다.

불편해서 다정했을까?

아주 작은 와이너리 마을의 우리가 머물 예정인 숙소는 전기가 제공되지 않는다고 했다. 도착해서 보니 가스로 온수와 냉장고, 스토브가 작동을 하고 밤에는 가스등으로 어두움만 겨우 면할 수 있었다. 특이한 건 타운 한가운데 있는 우리 숙소만 빼고 모든 집들은 전기를 풍족하게 쓰고 있는 조금 이상한 상황. 포도밭과 과수원이 앞마당처럼 펼쳐져 있었는데 매니저 아저씨께서는 지금 한창 영글고 있는 복숭아, 자두, 배 등에는 무서운 독거미가 득실득실하니 가까이 가지 말라고 두 눈을 동그랗게 뜨며 우리에게 경고하셨다.

저녁을 일찌감치 먹고 포도밭과 과수원을 거닐며 저녁 산책까지 마치고 어느새 어

둑어둑해진 그곳에서 우리는 가스등과 초를 곳곳에 켜두고 카드놀이를 시작했다.

심심한데 잠은 오지 않는 깜깜한 저녁, 스마트폰을 충전할 수도 없고 와이파이도 없

으니 서로의 굵직한 윤곽만 보이는 어둠 속에서 우리는 도란도란 이야기를 나누고

있었다. 이런저런 불편함과 못마땅한 점이 있기는 했지만 온전히 우리만의 다정했

던 시간들에 충실할 수 있었다. 덕분에 따뜻한 기억들을 많이 남겨 준 특별한 곳이

되었다.

백사장에
피어난
야생화

블루버그스트랜드*Bloubergstrand* 해변에는 제법 거센 바람이 불고 있었고 백사장 모래는 밀가루처럼 부드러웠다. 테이블마운틴과 라이온즈헤드가 저 멀리서 멋진 배경이 되어주었던 봄날의 그곳 해변에는 발이 푹푹 들어갈 정도로 폭신한 모래 위로 노란색 야생화들이 가득 피어나 있었다. 어떻게 이런 모래 속에서도 뿌리를 내리고 꽃이 만발할 수 있는지 신기하기만 했다. 아프리카의 척박한 자연 속에서도 불쑥불쑥 빛을 발하는 생명력은 늘 그렇게 멋진 영감이 되어준다.

물안개 가득한
겨울의 케이프타운

한 해 강수량의 대부분이 겨울에 집중해서 내리는 케이프타운. 사람들은 비가 한없이 이어지고 해가 며칠 동안이나 뜨지 않는 겨울의 케이프타운에 산다는 건 우울증이 걸릴 만큼 고약한 일이라고 몸서리친다.

몇 년 만에 다시 방문한 케이프타운, 겨울에 온 것은 처음이었다. 겨울 케이프타운에 대한 사람들의 온갖 날씨 불평들을 오래 들어왔기에 마음을 재무장하고 있었는데 물안개로 가득 덮여 신비로운 느낌마저 자아내고 있던 비 내리는 바닷가 마을의 풍경 속에서 케이프타운을 향한 내 짝사랑은 더 강렬해졌다. 언젠가 이곳에서 살게 된다면 겨울을 두려워하지 않아도 되겠다고 안심하고 있었다.

포도밭을 헤집고 다니다

와이너리 투어를 하면서 와인의 역사, 제조 과정이나 시설들을 1시간 넘게 들여다보는 것은 내게는 큰 감흥이 없었다. 차라리 포도밭 경치를 바라보며 코스별로 나오는 요리들에 페어링 된 와인들을 맛보거나 전망이 좋은 와이너리 한쪽에서 여유롭게 피크닉을 즐기는 편이 더 좋겠지만 이 역시 아쉬운 부분이 늘 남아 있었다.

미국 나파밸리의 한 와이너리 투어 중에 가이드에게 물었다. "저 포도밭에 들어가 봐도 되나요?" 가이드는 상당히 의아해하며 왜 포도밭에 들어가고 싶은지 되려 물었다. "포도가 열려 있는 게 보고 싶어서요." 그제야 내 뜻을 알겠다는 듯 환히 웃던 그녀는 투어를 마치고 나가는 길에 다양한 포도 종자들을 샘플로 한 그루씩 심어 놓은 곳이 있다고 얘기해 주었다. 나를 포도 종자에 대단한 관심이 있는 사람으로 착각을 한 것이다.

수많은 와이너리들을 전속력을 다해 지나치며 운전하는 그에게도 나는 늘 하소연했다. 언제쯤 나는 저 포도밭 안을 하염없이 헤집고 다녀 볼 수 있을까? 하지만 그 역시도 도대체 남의 포도밭 안에 들어가서 뭘 하고 싶은 걸까 의아한 모양이었다.

시댁 방문 중 그곳 이웃들과 피크닉을 하던 어느 날 오후. 그곳에 딸린 거대한 포도 농장의 관리자와 시아버지의 대화를 들었다. "요새 포도가 한창인데 좋아하시는 핑크포도 한 박스 따다 드릴까요?" "좋아요, 우리는 색이 진하고 알이 큰 포도는 씨가 많아서 별로더라구요, 핑크포도가 더 달고 좋아요, 고마워요." 시아버지의 말씀이 끝나자마자 나는 기다렸다는 듯이 끼어들었다. "제가 가서 직접 포도를 따도 되나요? 일손이 필요하시면 제가 하루 정도 도 와드릴 수도 있어요!" 주변에 계시던 시아버지 친구분들은 포도 수 확 경험도 없을 텐데 1시간도 버티지 못할 거라며 걱정 섞인 농담 들을 던지고 계셨다. "하루 인건비 105랜드(우리 돈 만 원)에 물과 식사 불포함! 어때?" "아, 그래요? 경험은 없지만 열심히 할 수 있어 요. 물은 제가 싸 갈게요. 식사는 포도로 계속 먹어도 되나요? 수확 이 끝나면 영화에서처럼 포도 밟기 그런 것도 할 수 있나요?"

약속한 날, 포도밭을 구경하고픈 며느리 덕분에 시아버지까지 포 도밭에 함께하게 되었다. 하지만 포도 따기를 돕겠다던 며느리는 그토록 보고 싶던 포도밭 곳곳을 폴짝폴짝 뛰어다니며 사진을 찍 느라 정신이 없었다. 그러다 시아버지께서 포도 한 송이를 따서 요 리조리 살펴보시다 바닥에 내동댕이치는 걸 보고 깜짝 놀라 소리 쳤다. "아버님! 이렇게 멀쩡한 걸 왜 버리세요?!" 포도들이 이렇게 나 많은데 좋은 걸로만 골라가도 부족하다는 시아버지. 그리고 이 넓은 포도 농장은 이윤을 남기기 위해 운영되는 것이 아니라고 하 셨다. 그냥 땅이 있어 포도나무를 심었고 날씨가 좋아 매년 주렁주 렁 열리는데 내다 팔기 위한 인건비가 만만치 않으니 이렇게 방치 된 채 주민들만 이따금씩 따 먹고 나머지는 그대로 시들고 썩어간 다고 하셨다.

"그럼 여기에 있는 포도 우리가 모두 따서

대로에서 파는 건 어때요?" 포도 한 송이 따지 않고

사진만 찍어대던 며느리가 제법 큰 포부로 제안을 했지만

시아버지께서는 못 들은 척하셨다.

며느리는 포도밭에 흥분해서 여기저기 사진 찍느라 바쁘고

혼자 일꾼이 될 것을 짐작하신 눈치였다.

자연과
아름답게 어울리는
프렌쉬훅

여행지에서 만난 평화로운 풍경 한 점, 그만큼만 매일 누릴 수 있다면 다른 것에 더

욕심 부리지 않고 살 수 있을 것 같다는 생각을 하곤 한다. 그리고 잠시나마 머물 수

있었던 시간에 감사해하며 다시 오게 될 다음의 순간들을 기약해 본다.

케이프타운에서 75km 떨어져 있는 아름다운 마을 프렌쉬훅은 케이프타운을 여행하는 사람들에게 꼭 들러 보라고 추천하는 곳이다. 중세 네덜란드와 독일, 프랑스, 인도네시아 스타일이 결합된 것으로 하얀 벽에 초가지붕을 얹은 '케이프 더치' 양식의 아름다운 건축물들이 많은 프렌쉬훅. 카페와 와이너리는 물론이고 박물관과 교회, 은행까지 화려하게 튀지 않고 소박한 케이프 더치 양식으로 지어져 주변의 자연과 더없이 잘 어우러진다.

타운의 교회당은 작지만 상징적인 위치에서 잘 가꾸어진 정원과 함께 방문자들에게 아름답고 편안한 풍경을 선사해준다. 흥이 올라 타운의 온갖 상점들을 기웃대며 수다를 떨던 여행자의 발랄함은 어느새 사라지고 교회당 한쪽에 앉아 두 손 모으고 기도하는 그녀들의 뒷모습을 물끄러미 바라보았다. 그리고 나 역시 우리가 돌아간 일상에서 각자가 진 인생의 무게가 너무 버겁지 않으면 좋겠다는 바람의 기도를 올리고 있었다.

휴지통까지 예쁜 ——————— 프린스앨버트

조벅을 떠나 준사막을 1,000km 달리던 중 'Prince Albert'라는 하얗고 큰 글자가 저 멀리 산에서 보이기 시작하면 이윽고 예쁜 마을 하나가 선물처럼 등장한다. 준사막 지대인 카루 지방의 끝자락에 있는 아주 작은 이 마을은 케이프 더치, 카루, 빅토리안 양식의 아름다운 건물들이 거리마다 줄지어 있어 영화 세트장으로도 손색이 없을 곳이다.

많은 관광객들이 찾으면서 최근에 급부상한 마을이라 그런지 독특하고 세련된 상점과 갤러리들의 주인들은 어쩐지 물건 파는 것에는 관심이 없고 마을 이곳저곳을 소개하며 방문객들을 챙기기에 바쁜 느낌이다. 온 동네 주민들이 마치 마을의 홍보대사 같다. 시골 외할머니 댁을 연상시키는 포근하고 평온한 풍경과 사람들. 거리엔 맑은 물이 흐르는 도랑이 곳곳에 있고 파스텔 톤의 집들이 즐비하며 거리 휴지통들에는 마을의 역사가 컬러풀하게 그려져 있다. 프린스앨버트에는 아티스트와 디자이너들이 많이 살고 있다고 하더니 거리 휴지통마저 범상치 않아 카메라 셔터를 누르게 만든다. 이곳에 며칠 머무는 동안 이따금 내게 인사를 건네던 주민들의 눈빛 속에는 어쩌다 동양인이 이런 작은 마을까지 찾아 왔을까 하는 호기심도 느껴졌고 그 사이 낯을 익힌 이들은 오래 알았던 듯 다정히 반겨주기도 한다. 이제 곧 관광객들로 넘쳐나는 곳이 되면 이런 친근한 느낌이 덜해질까 하는 노파심에 조금만 더 천천히 알려졌으면 하는 이기적인 바람도 갖게 되는 곳이다.

남아공의 가장 작은 와이너리

프린스앨버트의 아기자기한 거리 풍경만 봐서는, 정말 이런 곳에 와인 농장이 있을까 믿기지 않았다. 남아공에 등재된 와이너리 중 가장 작은 곳이 있다고 해서 찾아나선 길, 이른 아침 산책길에 대문도 없는 그곳을 발견하고 기대감에 부풀어 조심스레 걸어 들어가고 있는데 이제 막 추수한 포도들을 정리하고 계시던 주인 아주머니와 눈이 딱 마주쳤다. 굿 모닝!

농장 주인인 수잔 아주머니 내외는 남아공 와인 생산지로 유명한 스텔렌보쉬 *Stellenbosch*에서 사시다가 어느 날 휴가로 방문한 프린스앨버트가 너무나 마음에 들어 이사를 하게 되셨다. 작은 규모이지만 처음으로 농장을 운영하면서 손도 많이 가지 않고 생산량도 좋은 올리브 재배에만 집중하시다가 점차 일도 많고 절차도 까다로운 와인 생산에 매료되어 이제 올리브 나무는 몇 그루 없다고 하셨다. "왜 올리브 대신 힘든 와인제조사업에 빠지게 되신 건가요?" 하고 물었더니 아저씨께서는 한참을 웃으시더니 "우리가 세상 물정을 몰라서 그래."라고 하셨다. 옆에 계시던 수잔 아주머니는 "WHY NOT?!!"이라며 자식도 없고 돈 욕심도 없어서 가능한 일이라고, 좋아하는 일을 하며 바쁘게 사는 일상이 그저 좋다고 하셨다.

이런저런 대화를 나누면서 두 분의 애정을 듬뿍 받고 자란 다양한 품종의 포도들로 그날 아침식사를 대신하며 두 분이 만든 와인들을 맛보는 행복을 누렸다. 편안하고 여유로운 삶보다는 열정이 있고 매일이 분주한 삶을 목표로 살아가는 분들, 지금도 포도가 영글어 가는 때가 되면 미소 가득 띤 채 바지런히 일하고 계실 두 분 모습이 떠오르며 안부가 궁금해진다.

아프리카에도 펭귄이 산다

매해 6만 명의 관광객이 찾는 남아공의 볼더스비치*Boulders Beach*에는 펭귄이 산다.
따뜻한 해류에 사는 아프리칸 펭귄으로 자카스 펭귄*Jackass Penguin*, 검은발 펭귄으
로도 불린다.

펭귄을 만나러 백사장으로 가는 길, 무리들과 멀리 떨어져 일탈을 꿈꾸듯 울타리를 넘
어 돌아다니고 있는 한 녀석은 귀여워서 가까이 다가가 구경하려는 사람들의 시선에
도 별 신경을 쓰지 않는다. 인파에 묻혀 뒤뚱뒤뚱 걷고 있는 녀석은 어쩌면 반항기의
청소년이 아닐까 싶은데 관광객들의 쏟아지는 카메라 세례를 받으며 스타가 되었다.

최근에는 해상 오염과 과도한 어업, 관광객들의 무분별한 행위로 인해 이 펭귄들이 멸종 위기 상태에 놓였다. 그래서 볼더스비치 지역이 테이블마운틴 국립공원 해상 보호지역에 포함되어 관리되고 있다. 관광객들이 귀엽다며 손으로 만지고 찔러대거나 이들의 보금자리와 새끼들까지 위험에 처하게 하는 일들이 많아 이제는 지정된 전망대에서만 그들을 감상할 수 있게 되었다.

펭귄들의 움직임을 가만히 지켜보고 있자면 어쩜 사람들이 하는 행동과 별반 다르지 않아 웃음이 난다. 혼자 수영을 하고 뒤뚱뒤뚱 물에서 나와서 친구들을 찾아 여기저기 기웃대는 모습이나 뭔가가 마음에 안 드는지 갑자기 몸싸움을 하는 아이들, 바람을 등지고 앉아 꾸벅꾸벅 졸거나 걸어가던 길 위에 놓인 나뭇가지 하나를 뛰어넘으려다 꽈당 넘어지는 모습까지 작은 몸동작 하나하나가 너무나 귀엽고 사랑스럽다. 코를 찌르는 오물 냄새로 가득하지만 좀처럼 발걸음이 떨어지지 않는 곳이다.

테이블마운틴에서
초연해지기

360도 회전하는 케이블카는 무서워할 틈도 없이 빠르고 황홀하게 우리를 1,200m 위 정상으로 데려간다. 마치 거대한 공원처럼 드넓은 테이블마운틴 정상에는 수많은 동식물들이 서식하고 있다. 날씨가 언제나 변화무쌍한지라 가끔 안개가 잔뜩 끼어 가시거리가 짧아지기라도 하면 요란한 사이렌 소리로 경보음이 울리기도 한다. 맑은 날에도 발을 헛디뎌 낙상하는 사고가 심심치 않게 일어나는 곳이다 보니 운이 따르지 않으면 여행 중 테이블마운틴을 오르지 못하는 일도 허다하다. 시야를 가렸던 구름이 바람에 이내 젖혀지고 나면 번화하고 럭셔리한 해안가 마을 캠스베이의 해안선이 서서히 멋들어지게 드러난다.

절벽 아래로의 풍경을 바라보는 것만으로도 어질어질한데
이렇게 힘준한 곳에서 암벽을 타는 사람들을 자주 발견한다.
왜 저리도 위험한 취미를 가지게 되었을까.
예전에는 그저 내 생각의 테두리에서 벗어나지 못해서 나와 다른 타인에 대해
이런저런 판단의 오류를 범하기도 했었는데 이제서야 나는 깨닫는다.
정해진 룰과 고정관념을 깨뜨릴수록 우리 인생은
더욱 흥미롭고 풍성한 일들로 가득해진다는 것을 말이다.

높은 곳에 올랐을 때 밑의 세상을 바라보며 모든 것에 초연해지곤 한다. 테이블마
운틴에서 내려다보는 케이프타운의 모습은 그저 그렇게 평화롭고 평온하기만 하
다. 일상에서 우리가 그토록 갈망하고 고뇌하는 모든 문제들은 조금의 거리를 두고
바라보면 그렇게 대단하지 않을 수 있겠다는 생각을 하게 된다. 부촌 캠스베이의 고
가의 대저택도 그 옆의 작은 아파트도 결국은 점 하나로 보이게 하는 것이 테이블마
운틴 정상의 위력이다.

아네트
아주머니
정원에서의
아침식사

남아공 여행지에서의 숙박 형태 중 내가 가장 선호하는 것은 B&B*bed and breakfast*이다. 주로 부부나 가족이 운영하는 B&B는 5성급 호텔처럼 최상급의 서비스는 없을지 몰라도 가족이나 친지의 집에 머무는 것처럼 자상하고 따뜻한 보살핌을 받을 수 있는 장점이 있다. 그래서 여행의 지친 마음을 녹여주기도 하고 때로는 누군가의 집에 초대받은 듯한 느낌이 들기도 한다.

꽃들이 만발한 아름다운 정원에서 아네트 아주머니의 센스와 정성이 가득 담긴 아침식사를 하며 친구들과 함께한 2주간의 가든루트 자동차 여행을 차분하게 마무리하고 있을 때였다. 볼륨 있게 머리를 힘껏 살리고 뽀송뽀송한 파운데이션에 핑크 립스틱을 화사하게 바르고 등장하신 옆집 아주머니. 이웃 마을 조식 모임에 가시는 길에 며칠 전 빌렸던 DVD를 돌려주려고 들르셨다고 하셨다. 요정처럼 등장한 옆집 아주머니와 아네트 아주머니가 잠깐 수다를 나누는 동안 우리는 그분들의 소소한 일상을 신비롭고 낭만적인 동화처럼 바라보고 있었다.

보너스 같은 하루

2주간의 가든루트 자동차 여행 막바지, 그녀와 나는 조벽으로 향하고 있었다. 이틀에 걸쳐 1,400km를 달리는 조금 고단한 일정 중 오늘은 첫 600km를 달려 거대한 댐이 있는 마을에서 하룻밤 쉬기로 했다. 2주 동안 산악 지대와 바닷가 마을을 오르내리며 운전하고 뙤약볕 아래 하이킹까지 하며 체력을 소모해서 그런지 컨디션이 영 좋지 않았다. 간간이 있었던 어지럼증이 심해져 400km의 운전을 간신히 마치고 인근 마을에서 하루 쉬어가기로 했다. 예상치 못한 일정에 여기저기 다급하게 전화를 해서 룸 하나가 비어 있는 곳을 찾아냈고 이제 곧 누울 수 있겠구나, 싶어 안도하고 있었다. 인적이 드문 비포장도로를 한참 달리며 이런 허허벌판에 과연 머물 만한 숙소가 있기는 할까 하는 의심이 조금 생길 무렵 우리는 상상도 하지 못했던 거대한 규모의 올리브 농장 입구로 들어서고 있었다.

몸이 만신창이가 되어 비상 체류를 하게 된 건데 침대에만 누워 있기에는 너무 근사한 그곳 올리브 농장 언덕 위를 산책해보기로 했다. 거대한 붉은 석양 속에서 몸은 따스한 기운을 전해 받는 느낌이었다. 하늘의 석양빛이 땅과 바위, 야생화에도 드리워져 마치 세상 모든 것에 석양빛 필터가 끼워진 듯했다. 개미 한 마리 없을 것 같은 곳에 이런 거대한 농장을 운영하는 사람들이 있다는 것도 신기한 일이었고 아프리카 벌판 한가운데에 우뚝 서 있는 우리의 존재 역시 새삼스레 신기하게 느껴졌다.

하늘 아래에는 오로지 우리밖에 없는 것 같은, 마치 지구가 아닌 우주의 다른 어떤 곳에 있는 듯한 묘한 기분이었다. 집으로 돌아가는 여정이 하루 더 길어지긴 했지만 뜻밖의 곳에서 만난 운치 있는 저녁은 자동차 여행의 보너스였다.

로드
트립

무게 제한으로 꼭 필요한 것들만 가져가야 하는 비행기 여행과는 다르게 트렁크에 필요한 것들을 가득 싣고 떠나는 자동차 여행. 확실하게 보장된 나만의 공간 그리고 나의 의지대로 유동성 있게 움직일 수 있는 자유로움이 있어 자동차 여행을 사랑한다.

한국처럼 삼면이 바다로 둘러싸인 남아공은 대서양과 인도양에 걸쳐진 2,500km가 넘는 멋진 해안선을 가지고 있다. 구불구불한 해안선을 따라 드라이브를 하다 보면 극적으로 아름다운 풍경들이 파노라마처럼 펼쳐지니 더할 나위 없는 아름다운 여행이 계속된다.

시시각각 바뀌는 풍경에
잠시도 눈을 뗄 수 없게 되는 바다,
아프리카 대륙의 황홀한 자연 풍경 속을
달리다 보면 자꾸 가슴이 벅차오른다.

02

드라켄즈버그*DRAKENSBERG*

지구의 풍경 같지 않은 고요하고 거대한 드라켄즈버그는 '용의 산맥'이라는 뜻처럼 아직도 어딘가에 용이 살아 있을 것 같은 신비로움이 느껴지는 곳이다. 1,000km에 걸쳐 뻗어 있는 드라켄즈버그 산맥은 최고 3,482m까지 높게 솟은 산들이 끝없이 펼쳐져 있으니 그곳의 탐험은 아직도 진행 중이다.

My
Romantic
Africa

그곳에 도착한 첫날은 보슬보슬 비가 내리고 있었고 풍경의 대부분은 안개에 덮여 있었다. "실은 저 안개 너머로 정말 높은 산이 하나 더 있어. 그건 날이 맑아져야 볼 수 있을 거야." 이미 산들은 하늘을 가릴 만큼 높고 웅장해서 더 높은 산이 채울 여백이 없다고 생각한 나는 그의 말을 그저 농담처럼 듣고 피식 웃었다. 다음 날 새벽 5시, 먼저 눈을 뜬 그가 숙소 밖으로 나가자마자 탄성을 질렀다. "어서 나와 봐. 어제 없었던 거대한 산 하나가 생겼어." 정말 하늘을 뚫고 치솟고 있는 듯한 웅장한 산이 어제의 넓은 하늘을 전부 차지하며 빼곡히 들어서 있었다. "앞으로 어떤 산을 봐야 이보다 더한 감동을 느낄 수 있을까?" 산이 보여줄 수 있는 최대한의 절경을 모두 보여준 것 같았던 드라켄즈버그의 산맥 한 줄기에서 나는 멍하니 감탄만 늘어놓고 있었다.

해발 3,300m 산중. 산신령이 나타날 것처럼 산 중턱으로 구름이 내려오고 있는 풍경 속에서 우리의 저녁식사는 시작되었다. 이곳에 여행을 와 머무는 사람들은 대개 숯불을 피우고 바비큐를 먹지만 우리의 오늘 메뉴는 돼지갈비김치찜이다. 습기를 머금은 촉촉한 공기가 기분 좋게 피부에 와닿는 초저녁의 산중, 치직치직 요란한 소리를 내며 압력솥에서 완성한 밥에 돼지갈비를 넣어 푹 조린 김치찜은 샴페인과 완벽한 궁합이었다.

한때는 신상 명품 구두와 가방, 파티복을 옷장에 가득 채워 넣으며 그것이 최고의 행복이라 믿었던 시절이 있었다. 하지만 이 아름다운 자연 안에서 사랑하는 사람들과 함께하는 이 순간이야말로 내게는 최고로 럭셔리한 삶임을 확인하고 있었다. 너무나 비현실적인 풍경 속에서 음식의 맛은 기억나지 않을 만큼, 한국에서 온 가족들과 아프리카 초가집 주방에서 만들어낸 소박한 한식을 나눠 먹는 그 순간은 내게 가장 감격적이며 럭셔리했다.

부활절 연휴 등산

남아공에서 대부분의 등산은 나무 그늘 없이 낮은 풀들만 있는 민둥산의 둘레를 돌아가는 코스라 내리쬐는 강렬한 햇살을 고스란히 맞아야 한다. 울창한 나무 그늘 한점 찾을 수 없는 산행에서 온몸은 녹아내릴 듯 익어가니 그늘진 숲의 초록빛 향을 맡으며 크고 작은 계곡과 함께하는 한국에서의 등산은 정말 많이 그리운 것들 중의 하나이다.

평생을 이런 햇볕에 노출되어 살아서 그런지 이곳 사람들은 땡볕 아래 버텨 내는 체력이 놀랍도록 좋다. 한참이나 앞서가고 있는 아이들의 속도에 고개를 절레절레 저으며 어쩌면 나는 중간에 홀연히 돌아갈지도 모르겠다고 선전포고를 했다.

이따금씩 불어오는 한 점의 가을바람이 선선하다 느껴질 즈음에는 이미 땀을 흥건히 흘리고 난 이후였다. 그제야 한눈에 모두 담기에는 너무나 거대한 드라켄즈버그의 산맥들이 시야에 들어오기 시작했다. 완만한 산등성이를 따라 걸으며 쉼 없이 변하는 경치를 감상하다 보니 새로운 등산의 묘미도 발견하게 되었다. 그리고 마침내 도착한 우리의 목적지 동굴. 쏟아지는 폭포수에 주저함 없이 온몸을 들이밀자 얼음같이 차가운 물세례에 나는 비로소 부활하고 있었다.

부시맨의

흔적을

찾아서

부시맨 벽화를 보러 가려면 예약과 가이드 동반은 필수였다. 관광객들이 자기 이름을 새기고 벽화를 훼손하는 일이 늘어나면서 생긴 해결책이라고 했다. 언제쯤 도착하냐는 우리의 질문에 가이드는 거의 다 왔다는 이야기를 30분은 넘게 했던 것 같다. 그렇게 헉헉대며 도착한 벽화 앞에서 우리는 가이드 주변으로 옹기종기 모여 앉아 설명을 듣기 시작했다. 온화한 날씨와 식량을 찾아 이동하면서 동굴에서 지냈던 그 옛날 부시맨들의 흔적을 보며 그때 그들의 삶을 유추해 보는 것은 신비롭고 경건한 경험이었다.

부시맨들이 남긴 벽화에서 그들이 사용한 흙의 종류와 색감을 보면 어느 지역으로부터 이주해 왔는지 유추할 수 있다고 했다. 먼 여정임에도 불구하고 염료 대신 사용할 흙을 지니고 다닐 만큼 그들에게도 표현과 기록의 욕구가 있었다는 사실이 놀라웠다.

이 정도의 산행도 힘들다며 우리는 왜 이리 머냐고, 언제쯤 도착하냐고, 가이드를 계속 귀찮게 했는데 자연 속 시련을 온몸으로 견뎌 내면서 그들은 두렵거나 지치지는 않았을까? 아늑한 보금자리나 넉넉한 먹거리, 따뜻한 옷도 없이 거친 자연 속에서 버텨 내야 했던 그들의 하루하루에도 생존의 불안함 이상의 고민과 갈등 역시 있었다고 한다.

그들이 남긴 종교와 믿음과 삶의 가치에 대한 고민과
그 기록들을 들여다보며 우리가 지금 당연한 듯 누리고 있는
이 안락한 삶에 조금 더 감사함과 진지함을 더해야겠다고 생각했다.

바람 부는 갈대밭에서

광활한 아프리카이니까 거대한 국립공원이니까 거친 자연 상태 그대로 방치되어 있을 거라고 생각하기 쉽다. 하지만 자연에 대한 미적 감각이 남다른 사람들은 광활한 초원도 들판도 실은 철저한 계획에 따라 디자인해가고 있었다. 극적인 경관을 만들어내기 위해 초록과 갈색의 경계를 나누기도 하고 멀리 보이는 산과 잘 어우러지는 곳에 드넓은 갈대밭을 조성하기도 한다. 우리가 눈치채지 못할 만큼 자연스럽게 자연을 큰 스케일로 보고 계획하는 사람들의 감성에 감탄하며 부러워하게 된다.

본격적인 우기를 앞두고 먹구름이 낮게 내려앉은 골든게이트하이랜드 국립공원에는 바람이 많이 불고 있었다. 끝이 보이지 않는 갈대밭 풍경을 멍하니 바라보고 있던 우리 말고는 인적이 거의 없었다.

우리는 아름답고 고요했던 그 갈대밭을 하염없이 거닐고 있었다.
지난 10년의 우정을 자축하며 함께 온 여행길에서 10년 후에도
이 갈대밭은 변함이 없을 테니 우리의 다음 10년도
그렇게 묵직하게 지켜 내자고 약속하고 있었다.

우리들만의

라푼젤 성

동화 속 라푼젤 성을 그대로 옮겨 놓은 듯한 그곳은 여자들 셋이 떠난 여행에서 3일
간 머물게 될 숙소였다. 도착해서 짐을 제대로 풀기도 전 우리는 3층 계단을 신나게
오르내리며 성 곳곳을 감상하느라 분주했다. 봄비가 막 시작되고 있는 갈색의 광활
한 아프리카 초원을 내려다볼 수 있는 풍경 속에 우뚝 서 있는 우리들만의 성이라
니! 석양빛에 물들어가는 파티오에서 샴페인잔을 쉼 없이 부딪히며 우리의 수다와
감탄도 무르익어 가고 있었다.

밤이 깊어가고 벽난로의 장작불도 사그라들 때쯤 우리도 잠자리에 들기로 했다. 커다란 샹들리에가 매달려 있는 침실에 누워서 칠흑 같이 깜깜해진 이곳이 조금 무서운 것 같다며 속삭이던 순간 뾰족하게 솟은 천장 위에서 무언가가 퍼덕거렸다. 본능적으로 이건 박쥐가 아닐까 하는 공포스러운 예감이 들었고 순식간에 불을 켜고 우리는 걸음아 날 살려라 비명을 지르며 3층에서 1층까지 냅다 뛰어 내려갔다. 오후에 도착해서 무인 체크인을 하면서 알람을 잘못 눌러 전화가 왔던 번호로 전화를 했다. 밤 12시가 다 되어가는 시간이었다. 박쥐가 있는 것 같다며 어서 와 달라고 겁에 질린 목소리로 다급하게 이야기했다. 그렇게 1층 침실에 모인 세 여자는 덜덜 떨고 있었다. 낮에는 그리도 낭만적으로 보이던 침대 옆의 로미오와 줄리엣 벽화도 이제는 무시무시하게 느껴졌다.

통화를 하긴 했지만 이렇게 외딴곳으로 이 시간에 정말 누군가가 와 줄까? 마을과는 멀리 떨어져 있지만 인근에 성을 관리하는 사람이 있다고 했었기에 깜깜해서 아무것도 보이지 않는 창밖을 뚫어져라 쳐다보고 있었다. 멀리서 아주 희미하게 불빛이 우리 쪽으로 향하는 듯했지만 어느새 방향을 돌렸는지 더 이상 보이지 않았다. 우리는 이제 이렇게 밤을 새게 되는 걸까? 벽화를 무섭다고 생각하지 말고 1층 방에서 셋이 딱 붙어서 자자고 그런 이야기를 하고 있는데 갑자기 누군가가 창문을 두드려서 우리는 소스라치게 놀랐다.

이곳 사람들에게 박쥐는 흔한 일인 듯했다. 우리를 구해주러 오신 아저씨는 겁에 질린 우리 모습이 더 재미있고 신기하신 듯 피식피식 웃으셨다. 아저씨가 찾은 박쥐는 방문 뒤에서 바들바들 떨고 있었다. 아저씨는 박쥐를 때려 죽이겠다며 빗자루를 찾으셨다. "안돼요! 그냥 살려서 밖으로 보내 주세요!" 용감한 아저씨는 박쥐를 작은 휴지통과 얇은 잡지로 능숙하게 생포해 밖으로 내보내는 데 성공하셨다.

다음 날 아침 매니저가 밤새 일어난 소동을 들었다며 전화를 주었다. 청소를 마친 메이드가 테니스 라켓 사이즈의 전기충격기를 두고 갈 테니 다시 나타나면 그걸로 죽이라고 했다. 타운에서 커피를 마시고 있던 우리는 이 아름답고 평화로운 낮이 지나고 밤이 되면 또다시 박쥐와 전쟁을 치르게 될지 모른다는 생각에 두렵고 우울해졌다. 낮에는 동화 같은 라푼젤 성이었다가 밤에는 공포의 박쥐 성이 되었던 곳.

"시간이 많이 흐른 어느 날 오늘의 이 무시무시한 순간들을 과연 추억하며 웃을 수 있을까?"라며 고개를 절레절레 저었는데 우리는 어느새 다시 그곳에 대해 이야기하곤 한다. 또다시 가게 될지도 모르겠다고. 그때는 박쥐가 성 안으로 들어오는 해 질 무렵에는 문단속을 잘 하자면서 말이다.

사막 여행

눈앞에 놓인 거대한 자연을 우리가 어떤 형용구로 충분하게 표현해 낼 수가 있을까. 한없이 작게 느껴지는 인간의 존재를 다시 한번 깨달으며 그저 침묵하며 한참을 바라본다. 스치는 바람에 사르르 날아가버리는 모래알같이 가벼운 인간이라는 존재. 그곳에 서면 자연에 대한 무한한 경외심과 인간이 조금 더 겸손해져야 하는 이유도 배우게 된다.

My
Romantic
Africa

사
막
에
대
한
예
의

처음으로 가는 사막의 나라, 나미비아 여행을 앞두고 가방 속에 음악 파일들이 가득 채워진 MP3 플레이어와 읽을 책들을 넉넉하게 넣었다. 아무것도 없는 사막이니까 그 무료한 풍경 안에서 음악을 들으며 책이나 열심히 읽다가 와야지 하는 생각이었다. 하지만 놀랍게도 그 황무지 사막에서 일주일이라는 시간은 훌쩍 지나가 버렸다. 음악을 듣고 책을 읽을 틈은 끝내 없었다.

사막에 다다르기 전 여정에서 이번이 당분간 제대로 하는 마지막 샤워가 되지 않을까 걱정을 하기도 했었다. 다행히 돌산으로 둘러싸여 도무지 문명이라고는 찾아볼 수 없을 것 같은 사막의 숙소에는 온수가 펑펑 나오고 성능 좋은 에어컨까지 시원하게 가동되었다. 직접 관리하는 농장에서 거둔 신선한 야채와 육류들로 풍성한 식사도 매끼 준비되었다. 척박한 사막에서도 농장을 가꾸고 전기와 물을 끌어와 이방인인 우리에게 익숙한 문명의 편리함마저 제공하려고 그들은 그렇게 위대한 일을 해내고 있었다.

자연의 모습을 훼손하지 않고 그림처럼 어우러져 살아가는 사막의 사람들을 보며 이곳에 잠시 머무는 우리 역시 가급적 주어진 혜택을 최소한으로 누려야 하지 않을까 싶었다. 사막의 무더위가 기승을 부리는 낮에는 그러한 사막다움을 그대로 즐기려 했고 숙면을 위해 에어컨은 밤에만 간간이 틀었다. 평소에 유유히 즐기던 샤워도 5분을 넘기지 않도록 그와 나는 서로 시간을 재어주기도 했다. 사막을 경험하는 우리만의 방식이었다.

사막의 ——————— 초록 세상

흙빛으로 가득한 사막을 900km 달린 끝에 도착한 숙소는 온통 초록빛으로 가득했다. 삭막한 사막 한가운데에서 만난 오아시스 같은 풍경에 감탄을 멈추지 못했다. 사막 여행에서 기대할 수 없을 것 같았던 푸른 잔디와 우거진 나무에 반가워하며 마치 초록빛을 처음 본 사람처럼 넓은 정원 곳곳을 거닐었다.

두 발을 쭉 펴고 도톰한 이불 아래 누울 수 있는 비행기 일등석의 하룻밤을 위해 사람들은 매우 비싼 값을 지불하곤 한다. 사막 한가운데서 대접받는 푸른 풀밭 위의 식사는 비행기 일등석 이상의 감동과 호사스러움이었지만 청구되는 비용이 너무 저렴해서 미안한 마음이 들 정도였다.

인적이 있는 것만으로도 반가운 사막의 낯선 곳에서 풍성하게 느껴지는 사람들과 그들의 삶의 흔적들이 고마웠다. 바쁜 손길로 우리들을 위해 정성 들여 상을 차리며 분주하게 왔다 갔다 하는 그들이 마치 서프라이즈를 준비하는 요정 같다는 생각을 했다. 외지인을 위한 대접에 정성을 다하는 그들의 모습에 감동을 받고 있었다. 그리고 우리와 같은 방문자들로 인해 그들의 삶도 훨씬 더 윤택해지고 풍성해졌으면 좋겠다는 바람을 더했다.

신비한
퀴버트리숲

어스름이 걷히고 조금씩 밝아 오는 새벽 5시, 가이드 톰의 사파리 차에 올라 우리는

퀴버트리숲Quiver Tree Forest을 향해 달리고 있었다. "나미비아 사막에 숲이 있어?"

구글 검색 하나 없이 무작정 따라간 그곳은 지평선을 가늠할 수 없을 정도로 드넓게

펼쳐져 있었고 이전에 한 번도 본 적 없는 나미비아의 신비로운 나무, 퀴버트리를

만나게 되었다. 지독하게 건조한 사막에서 퀴버트리는 강렬하고 역동적인 모습으

로 우리를 맞아주었다.

때마침 하늘은 일출인지 일몰인지 혼돈이 올 만큼 화려하게 불타고 있었다. 그리고 곧 지평선 위로 떠오른 태양! 고요하고 적막한 사막에서 맞는 태양과 퀴버트리의 조화는 공상영화에서나 볼 수 있을 것 같은 상상 속의 아름다움과 신비로움이었다. 저절로 소망을 빌게 되는 성스럽고도 경건한 풍경 속에 우리는 한참을 머물며 함께 오고 싶은 이들을 떠올리고 있었다.

나미비아

피시리버캐니언

뜨거운 바람이 불고 있던 나미비아 사막 한가운데, 웅장한 자태로 우리를 맞았던 거대 협곡 피시리버캐니언*Fish River Canyon*. 온화한 날씨가 지속되는 겨울에는 하이킹 패키지여행도 있다고 하는데 이런 스케일의 초자연적인 아프리카 모습을 제대로 경험할 수 있는 멋진 방법이 아닐까 싶어 마음속으로 늘 탐을 내고 있다.

나미비아가 더 많은 관광객들로 붐비기 전에 투박한 듯 순수한
그곳을 여행하고 감상하는 것은, 미지의 땅을 남들보다
일찍 발 디딘 어떤 탐험가의 감흥에 비유할 만큼 특별하지 싶다.
비 한 방울 내리지 않는 건기에 아주 낮게 고여있는 협곡의 물들은
햇살과 사막의 흙빛에 반사되어 깊고 진한 녹색과 청색 사이
어느 즈음의 신비한 색감을 내고 있었다.

사막의 미어캣

〈꽃보다 청춘, 아프리카〉에서 20대 청년들이 아프리카를 여행하면서 경험하고 느끼는 모습들을 지켜보면서 몹시 설레고 떨렸다. 자연을 순수하게 감상할 줄 아는 사람들에게서 방언처럼 터져 나오는 자기 자신에 대한 발견과 다짐들, 그리고 자기 고백의 모습은 어쩜 그렇게들 비슷할까? "지구 같지 않다."라고 말하며 눈앞의 풍경들에 넋을 놓고 감동하는 모습에 나 역시 눈시울이 붉어져 가며 공감하고 있었다. "붉은빛, 검은빛, 파란빛 하늘에 별들이 가득하고 코끼리와 기린이 마주보고 있는 호숫가의 풍경을 보며 나의 욕심과 나의 고민이 아무것도 아니구나, 그냥 착하게 살면 되는구나."라고 말하며 아프리카의 자연을 너무나 잘 감상하고 누리는 청년들의 모습이 감동적이었다.

다시 찾은 나미비아 사막, 우리 일행은 아찔한 사막의 절벽을 올라 동굴에 도착했다. 남편이 꼭 가야 한다고 말한 데에는 그럴 만한 이유가 있었다. 그늘 안에 나란히 앉아서 내려다보는 나미비아의 사막은 너무나 거대하고 아름다웠다. 이따금씩 스쳐 가는 사막의 후끈한 바람마저도 이국적으로 느껴졌던 곳에서 우리는 며칠 전 보았던 미어캣의 귀여운 몸동작들을 흉내 내며 마치 그곳에서 서식하는 생명체인 양했다.

경이로운

자연의

생명력

현지 가이드 아저씨의 반짝이는 아디다스 가죽 운동화가 인상적이었던 사막의 아침 산책길. 사막의 황량함만을 기대하고 나선 그곳에서 생명을 가진 수없이 많은 것들에 대한 이야기로 우리의 질문과 대화는 끝날 기약이 없었다. 어쩌면 인간은 자연 안에서 가장 나약한 존재가 아닐까. 황무지 모래 위에서도 꽃을 피워 내는 식물과 바위틈에서도 뿌리를 내리고 우뚝 솟은 나무. 자연의 모든 생명체는 어쩜 그리도 신비롭고 위대하게 생존을 위한 역할들을 완벽하게 해내는지 감탄을 넘어 경이로움을 갖게 한다.

주황빛 사막 모래에서 말라 죽은 것처럼

바람에 살랑이고 있는 덤불에서도

꽃은 핀다. 조금의 여지만 있어도

자연의 생명력은 경이롭게 솟아난다.

작은 일에도 쉽게 우울해하고 슬퍼하는 인간이

자연에게 배워야 할 것들은 이렇게나 많다.

사파리

사파리 차를 타고 달리는 초원이나 숲 속 어디에선가 동물

무리를 발견한다면 잠시 시동을 끄고 바라봐도 좋다. 우리

는 그들의 영역에 최대한 폐를 끼치지 않으며 구경하러 온

관람자일 뿐이니까.

얼룩말과 함께 거닐다

사파리 여행을 가는 길, 한국에서 방문 중이던 그녀는 이번 여행에서 얼룩말을 꼭 보고 싶다고 했다. 나는 아무 말 없이 회심의 미소를 지었다. 게임 리저브*Game Reserve: 사파리를 할 수 있는 야생보호구역*에서 가장 흔하디 흔한 동물 중 하나가 얼룩말이니 말이다. 얼룩말 정도는 늘 속력을 다해 지나치곤 했었는데 이번 여행 동안에는 얼룩말을 마주칠 때마다 그녀를 위해 차를 세우기도 하고 산보 중인 얼룩말을 따라 후진도 해가며 지켜보았다. 그리고 풀밭 위를 걷고 있는 얼룩말은 창문이 모두 열린 우리 차에서 흘러나오고 있는 케이팝 박자에 맞춰 경쾌하게 걷고 있었고 우리는 벅찬 웃음을 짓고 있었다.

어떤 것을 특별히 더 좋아한다는 것은 더 많이 바라보고 더 많이 관심을 갖게 되고 알게 되면서 점점 더 특별한 관계가 되는 게 아닐까? 이만큼이나 얼룩말에 애정과 관심을 가진 적이 없었는데 그녀와 함께하는 사파리 여행 동안 얼룩말과의 추억과 이야깃거리가 너무나 많아졌으니 말이다. 그곳을 떠나는 날 아침, 작별 인사를 나누며 얼룩말들을 응시하고 있던 그녀의 눈에는 눈물이 그렁그렁 고여 있었다.

CHAPTER 05

오늘의 석양은
여기서 감상할까요?

오후 사파리를 시작한 지 1시간 반 남짓이 지나고 우리는 덜컹거리는 사파리 차에서 내려 곧 화려하게 하늘을 물들일 석양을 기다리며 잠시 티 브레이크*Tea Break* 시간을 갖기로 한다. 피크닉을 좋아하는 내가 사파리 투어에서 가장 즐기는 시간이기도 하다.

아침에는 우유를 넣은 밀크티에 쿠키를, 오후에는 위스키나 맥주, 칵테일에 건조 과일과 육포 등 간단한 술안주가 준비된다. 리조트에서 먹는 그 어떤 근사한 요리보다 기다려지는 시간이다.

아프리카의 적막하고 광활한 초원 한가운데에서
누리는 여유. 자연만이 선사할 수 있는 완벽한 공간에서
우리는 세상에서 가장 평화롭고 행복한 사람들이었다.

급할 거 없잖아

온순한 동물들이건 맹수들이건 동물들은 사파리 차 안의 사람들을 한 사람 한 사람으로 보는 게 아니라 차에 탑승한 사람들과 사파리 차 전체를 하나의 큰 개체로 보기 때문에 질주하여 달려든다거나 아이들이 마구 소리를 질러대면 매우 위협적으로 느끼게 되니 각별한 유의가 필요하다. 사람들이 그런 방식으로 위협하지 않는 한 동물들 또한 우리의 안전을 위협하지 않는다고 한다.

멀리서 동물의 움직임이 포착되면 서행을 하거나 멈추어 서서
그들의 이동 방향을 방해하지 않고 기다려 주는 것.
이곳에서 서식하는 그들에 대한 우리의 배려이자 매너이다.

빅 파이브를 찾아라

사파리 투어를 이끄는 전문 가이드 레인저*Ranger*, 뛰어난 동물적 감지 본능으로 달리는 사파리 차에서도 동물들의 흔적과 움직임을 찾아내 더 많은 동물에게로 우리를 인도하는 트래커*Tracker*. 이들을 잘 만나야 사파리 투어 내용이 풍성해진다.

비싼 비용의 사파리 투어라고 해서 '빅 파이브*Big 5: 사자, 표범, 코뿔소, 코끼리, 버펄로*'를 모두 볼 수 있다고 장담하기는 힘들다. 특히 무리의 이동이 빠른 시즌에 사자와 같은 게임을 보려면 상당한 운이 따라줘야 한다.

열심히 달리고 있던 사파리 차를 잠시 멈추게 한 트래커. 적막한 아프리카 벌판에 들리는 소리라고는 바람에 잡초들이 사르르 부딪히는 소리가 전부인데 쉿! 하며 어딘가 한곳을 유심히 관찰하고 있는 트래커를 우리는 주시하고 있었다. 이번엔 또 무엇을 발견한 거지? 달리는 차 안에서 동물 발자국의 방향과 배설물 그리고 뛰어난 감지 능력으로 기가 막히게 그들의 위치를 추적해내는 그가 지금 망원경까지 동원

해가며 저쪽 어딘가를 가리킨다. 그곳으로 일제히 시선을 돌리는데 보이는 것이라
고는 바위뿐이다. "저거 돌 아니에요???" 그런데 돌로 보이는 것들이 한둘이 아니다.
"우~~와!!!" 서행을 하며 우리 차가 가까이 다가가 보니 빅 파이브 중 하나인 코뿔소
무리다.

코뿔소 무리가 풀밭을 거닐고 있는 풍경 속에서 우리는 시동을 끄고 조용히 그들을
감상했다. 사람에게 위협이 되는 피치 못할 상황에서는 레인저가 동물에게 총기를
사용할 수 있는데 하지 말아야 할 행동을 하여 다른 사람들과 동물들에게 위협이 될
경우에는 그 총기가 우리에게도 겨누어질 수 있다고 경고했다.

야생동물들을 관찰하는 동안 우리가 지켜야 하는 매너들은 그렇게도 많았다.
카메라 셔터 소리마저도 굉음처럼 들리는 적막한 그곳에서
우리는 매우 조심스럽게 숨죽이며 그들을 감상하고 있었다.

슬픈 사자 이야기

먹잇감을 찾았는지 전속력을 다해 달리고 있던 치타 무리를 따라 우리 사파리 차도 달리고 있었다. 그렇게 한참 질주를 하던 치타들이 비포장도로에 철퍼덕 드러누운 걸 보니 먹잇감을 놓친 것 같다고 레인저는 말했다. 우리는 시동을 끄고 조용히 그들을 관찰하기로 했다. 얼마 후 레인저의 무전기가 울리기 시작했다. 다른 팀 레인저로부터 어딘가의 위치를 전달받고 있는 듯했다. 급하게 차를 출발시키며 오늘 어쩌면 운 좋게도 이동 중인 사자 무리를 만날 수 있을지도 모르겠다고 했다.

이미 사파리 차 몇 대가 포진해 있는 곳에 우리도 도착했다. 사자 무리를 볼 수 있을 거라고 했는데 우두머리 사자와 아내로 보이는 암컷 사자만이 유유히 일광욕을 즐기고 있는 듯했다. 야생사자를 처음으로, 그것도 이렇게나 가까이서 보게 되다니! 동물의 왕답게 얼굴과 몸짓에서 뿜어져 나오는 위엄은 대단했다.

레인저는 우리에게 그곳의 어미 사자와 아기 사자 이야기를 들려주기 시작했다. 6개월 전 아기 사자는 절름발이로 태어났다. 어미 사자는 끊임없이 이동하는 무리의 속도를 따르지 못하는 아기 사자를 입으로 물어가며 이동을 해왔다. 6개월쯤 되면 아기 사자는 보통 어른 사자 정도로 몸집이 성장하는데 이 아기 사자는 작은 고양이 정도에 불과했다. 울음소리도 고양이처럼 가냘펐다. 어미 사자는 지난 6개월간 먹이를 물어다 아기 사자에게 먹이면서 무리 이동에 가까스로 함께했는데, 대개 무리를 따라잡지 못하는 이런 아기 사자들은 영양실조로 굶어 죽거나 사자 무리에 의해 죽임을 당하는 게 일반적이라고 했다. 어미의 끔찍한 보살핌으로 지금까지 살아온 거라며 이것만으로도 기적에 가까운 일이라고 했다.

어미 사자는 점점 멀어지는 그들 무리를 따라가야 하는데 아기 사자의 더딘 움직임에 울부짖고 있었다. 한 번씩 아기 사자에게 다가가 핥아 주다가 그 주위를 한 바퀴 맴돌고는 다시 저만치 무리를 향해 떠났다가 고양이처럼 조그맣게 울고 있는 아기 사자에게 다시 돌아와 그 주변을 맴돌며 울고 있었다. 아기 사자를 차마 홀로 두고 떠나지 못하는 애달픈 마음에 어미 사자는 온몸으로 슬퍼하며 울부짖고 있었다.

우리는 말이 없어졌다. 레인저나 트래커 할 것 없이 사파리 차 안의 우리 모두는 눈물을 흘리고 있었다. 눈물이 너무 흘러 사진도 찍을 수 없었고 눈앞에서 벌어지는 이 비극적인 상황을 감당할 수 없을 것 같아 우리는 모두 먹먹해졌다. 이렇게 바라보고 있으면서 아무것도 할 수 없다는 것이 너무나 고통스러웠다. 레인저에게 물었다. "왜 아기 사자를 진작에 고쳐주지 않았어요? 지금이라도 아기 사자를 데리고 가서 고쳐주면 안 되나요?" 그러자 레인저는 대답했다. "우리는 그들의 삶에 개입하거나 방해하지 않고 그저 그들을 지켜봐야만 해요. 그들이 순종하며 지켜가는 삶의 영역과 자연의 법칙을 인간이 마음대로 바꾸어서는 안 된다는 게 이곳에서의 가장 큰 룰이죠."

이런 상황을 가끔 만나는 레인저는 그럴 때마다 자신의 일이 버겁게 느껴진다고 했다. 더 이상 지켜보는 것이 힘들 테니 차를 돌려 돌아가는 것이 어떠냐고 물었고 모두 동의했다. 유난히도 흐리던 그날, 숙소로 돌아가는 길에 조금씩 굵어지던 빗방울은 이윽고 엄청난 소나기가 되어 쏟아져 내렸다. 비에 젖어 울고 있을 아기 사자와 그 주변을 아직도 맴돌며 울부짖고 있을 어미 사자를 생각하니 통곡에 가까운 눈물이 쏟아졌다.

일주일간의 사파리 여행을 마치고 떠나는 날 아침, 우리를 배웅하러 온 레인저가 어렵게 이야기를 꺼냈다. 아기 사자가 어제 숨을 거두었다고…. 떠나는 차 안에서 저 멀리 아프리카 초원 어디선가 죽은 아기 사자를 마음에 품고 무리들과 함께 달리고 있을 어미 사자를 생각하며 마음의 위로를 바람에 날려 보냈다.

그리고 생명이 있는 모든 것들은 이토록 처절하고 간절하게 소중한 것임을.
살아 숨 쉬는 모든 것들에 경외감을 느끼고 있었다.

기린에 대한 오해와 진실

게임 리저브 내를 유유히 드라이브하며 아프리카 자연을 만끽하고 있던 그녀들과 나는 이동 중이던 기린 무리와 정면으로 마주쳤다. 마치 런웨이의 모델들처럼 위풍 당당한 포스의 기린들은 덩치에 비해 참 온순한 동물이어서 꼼짝도 하지 않고 응시 하고 있는 우리 차를 비켜서 풀밭으로 이동하고 있었다.

여기저기 커다란 나무의 잎을 따 먹으며 같은 방향으로 매우 천천히 평화롭게 이동
하는 무리들 뒤로 남겨진 기린 한 마리는 어쩐지 울타리 곁을 떠나지 않고 있었다.
그리고 어디선가 나타난 울타리 너머의 또 다른 기린 한 마리와 얼굴을 비비고 목을
감싸며 서로 떨어지지 못하고 있었다. 형제나 가족인 것일까? 어떤 강한 느낌에 이
끌린 사랑? 무리 이동에 함께해야 하기에 뒷걸음질 치며 멀어지려 했다가 이내 그럴
수 없어 다시 얼굴을 비비고 목을 감싸던 기린 두 마리. 2시간 가까이 그렇게 울타
리를 사이에 두고 떨어지지 못하는 기린 두 마리를 보며 몹시도 안타까웠다. 이윽고
가장 덩치가 큰, 무리의 연장자로 보이는 기린 한 마리가 다가와서 울타리 쪽에서
그를 밀어냈다.

인간이 나누어 놓은 경계선에 이렇게 순하디 순한 동물들이 슬픈 상처를 받게 되는 일이 생기다니! 그곳을 소유했다고 해서 마음대로 울타리를 쳐 경계를 지어놓은 인간의 이기심에 죄스러웠고 그들의 이어질 수 없는 사랑에 가슴 아팠다.

숙소로 돌아와서 캐롤라인에게 우리가 본 이 슬픈 사랑 이야기를 찍어온 동영상으로 보여주었다. 그리고 그녀에게 충격적인 이야기를 들었다. 미안하지만 그들은 싸우고 있는 거라고. 게다가 둘 다 수컷 같다고. "말도 안 돼! 그 애절한 모습을 직접 보지 않아서 그렇게 말하는 거야. 그리고 사람처럼 그들도 동성연애를 할 수도 있는 거잖아. 인간은 되고 동물은 왜 안 돼?!" 나는 캐롤라인의 말을 극구 부인하고 있었다.

쏟아질 듯한 밤하늘의 별빛 아래서 우리는 오늘 본 기린 이야기를 나누며 내일 그곳에 다시 가 보자고 했다. 그리고 구글로 기린에 대해 검색하며 알게 된 사실이 있었으니 그리도 순한 눈망울의 기린에게는 '넥킹Necking'이라는 목 싸움이 있는데 주도권을 놓고 벌이는 수컷들 간의 싸움이라고 한다. 몇 시간씩 이어져서 때로는 목뼈가 부러지고 목숨을 잃기도 한다고. 기린에 대한 왠지 모를 배신감과 눈물 흘리며 과하게 감정이입을 했던 것이 멋쩍어졌지만 우리는 그때 우리가 보고 느꼈던 것 그대로가 맞는 거라며 세상만사가 반드시 진실만이 정답은 아니라며 냉정한 인터넷 백과사전을 살포시 거절하려 애쓰고 있었다.

야
생
화
———
사
파
리

어느 곳을 여행하든 사소한 풀 한 포기, 꽃 한 줌에 온종일 카메라를 들이대는 나를 주위 사람들은 자주 놀리곤 한다. 그렇게 작은 꽃 한 송이에 집착을 하냐고 말이다.

노던케이프*Northern Cape* 지방에 겨울 우기가 지나고 온갖 야생화들이 카펫처럼 땅을 뒤덮는 봄이 되면 오로지 그 꽃들을 보기 위해 여행을 떠난다. 달리던 사파리 차를 세워서 선인장에 피어 있는 작은 꽃 한 송이를 한참 들여다보며 뭉그적댈 수 있는, 그런 믿을 수 없는 여행은 실제로 일어나고 있었다.

멀리 이랜드와 얼룩말은 그저 배경이 되는 야생화 사파리.
이것이야말로 진정한 로맨틱 아프리카가 아니던가!

자전거를 타고 세 시간째 그곳을 배회하고 있었다. 휴가를 즐기러 온 리조트 내의 넓은 벌판은 맹수가 없어 유유히 여기저기 두리번거리며 다니기 좋은 곳이었다.

얼룩말, 누, 스프링복 등의 온순한 동물들은 자전거를 타고 다가가면 늘 적정선의 거리를 두며 경계를 한다. 뜬금없지만 야생동물들이 모두 강아지처럼 사람에게 안기고 꼬리 치며 반가워해 주면 얼마나 좋을까 상상해 보며 피식 웃는다. 살금살금 티 나지 않게 가까이 다가가 보려 하지만 늘 곁눈질로 나를 지켜보다가 내가 다가가는 거리만큼 정확하게 뒷걸음치고는 나를 계속 응시하고 있는 동물들. 혹시나 나의 행동이 그들에게 위협을 줄 수도 있겠다 싶어 그만하기로 한다. 나보다 훨씬 잘 뛰고 힘도 세면서 왜 날 경계하는 거야?

구불구불한 비포장도로를 달리던 중 저쪽 높다란 나뭇가지들 사이로 나를 응시하는 듯한 어떤 시선이 느껴졌다. 조금씩 전진했을 때 그 길에서 정면으로 대치하게 된 기린 한 마리와 나. 우리는 길 위에서 얼음 상태로 그렇게 서로를 멀뚱히 쳐다보고 있었다. 주섬주섬 가방에서 꺼낸 카메라로 사진을 찍고 있는 나를 뚫어져라 쳐다보고 있던 기린은 어떠한 미동도 없이 나의 다음 동작을 기다리고 있는 듯했다. 야생동물과의 그런 눈맞춤은 묘한 전율과 영광스러운 감동이 있다. 기린, 날 기억해 줘~~!!

AND SO ON

때로는 너무 아프리카스럽게 때로는 전혀 아프리카 같지 않게. 발길 닿는 곳마다 감동과 서프라이즈가 넘친다. 이보다 더 영화 같고 드라마틱한 자연과 그곳에서의 경험들을 상상이나 해 보았던가! 다음 여행지가 기대되고 설레는 나는 아프리카와 사랑에 빠졌다.

My Romantic Africa

이건 꼭 봐야 해

남아공의 '블라이드리버캐니언*Blyde River Canyon*'은 규모 면에서 세계 3위로 손꼽히는 협곡이다. 웅장하고 아름다운 풍경을 사진으로 본 이후로 늘 그곳을 내 눈으로 꼭 보아야겠다 싶었다. 거대한 협곡이다 보니 전망대도 여러 곳이 있었는데 가는 곳마다 내가 사진으로 보았던 그 풍경이 아니었다. 이 정도로도 충분히 멋지다며 이제 돌아가자고 서두르는 남편에게 다급하게 말했다. "난 외국인이잖아, 사진 속 그 풍경을 꼭 보고 가야겠어!!" 그렇게 산 두어 개를 넘나들고 난 후 드디어 정확히 그 풍경 속에 도착했다.

세계 1위인 미국의 그랜드캐니언은 거대한 규모에 감탄하고, 2위인 피시리버캐니언은 야생의 나미비아 사막 한가운데서 감상하는 거친 자연이 인상적이라면 3위인 이곳 블라이드리버캐니언은 아열대 기후 속에서 서식하고 있는 수백 가지의 동식물과 그들이 속한 푸른 생태계에 매료되는 곳이다. 하지만 정작 이곳에 서너 세계 랭킹을 운운하는 게 무슨 의미가 있을까 싶었다. 이렇게 충분히 멋지고 아름다운데 말이다.

카누 놀이에 빠지다

핸드폰을 손에서 놓지 않는 여행은 어쩐지 온전한 여행과 휴식으로 느껴지지 않는
다. 불편하고 어색하지만 통신 신호가 아예 잡히지 않아 선택의 여지도 없이 핸드폰
전원을 꺼놓게 되는 그런 곳에서 며칠간 머물다 오면 그 사실을 확인하게 된다. 습
관적으로 핸드폰을 만지작거리던 시간에 멀리 산책을 나가 그 풍경 속에 완벽하게
담기거나 호숫가에서 하염없이 낚시를 즐기고 보트에 몸을 싣고 노를 저을 때마다
나는 물소리를 듣는다.

보트 위에서 노를 저으며 울창한 나무 그늘이 드리워진 호수 여기저기를 유유히 떠
다니니 모든 세상이 걱정 근심 없는 듯 고요하게 느껴졌다. 가끔 낮잠을 자는 누군
가의 코 고는 소리만 나지막이 들릴 뿐이었다. 뿌리가 깊은 연잎들로 가득한 숲에
우리가 탄 보트가 갇히지 않도록 방향 조절을 잘하는 것이 가장 중대한 과제였고 그
날 점심으로 샌드위치를 먹을까, 라면을 먹을까 정도의 가벼운 선택만이 고민으로
남겨져 있었다.

빅토리아폭포 위를 날다

기체 안에 몸이 담기지 않았기에 하늘을 날며 느껴지는 바람이 제법 강렬했다. 헤드폰을 통해 앞에 앉은 파일럿 아저씨와 대화를 하다 보니 높이 날고 있다는 두려움은 어느 정도 진정이 되고 있었다. 이윽고 끝없이 이어져 있는 구불구불한 협곡과 근처에만 있어도 소나기를 맞는 듯한 거대한 빅토리아폭포의 풍경이 그림처럼 내 발 아래 펼쳐져 있었다. 아주 잠시였지만 혹시나 불의의 사고로 잘못된다 해도 이 정도로 아름다운 곳이라면 덜 슬플 것 같다는 그런 용감한 생각도 스쳐 보내고 있었다. 어제 강 주변 사파리를 하면서 보았던 하마와 코끼리들은 저 멀리 강 하류에서 떼 지어 어슬렁거리고 있었다.

경비행기 활주로가
있는 마당

주말 여행을 떠나 머문 숙소에는 앞마당에 경비행기 활주로가 있었다. 숲이 우거지거나 아찔한 절벽이 있거나 혹은 거대한 산이나 드넓은 바다가 있는 풍경을 배경으로 한 숙소는 기대해 봤지만 경비행기 활주로가 있는 풍경은 상상 이상의 것이었다. 이따금씩 활주로에 전세를 내고 이착륙하는 경비행기 소리가 들렸고 그럴 때면 소풍에 싸 갈 김밥을 말다가도 쏜살같이 달려 나가 그 장면을 놓치지 않고 구경했다.

주인 아저씨 이름은 벤틀리였다. 어쩜 이름도 그곳과 딱 어울리는 느낌이었다. 아저씨는 우리가 머무는 동안 엔진에 문제가 있는 경비행기를 손보며 수차례 띄우기를 시도하셨다. 하지만 아저씨의 마음과 달리 경비행기는 활주로를 달리다 멈추기만 여러 번⋯ 끝내 벤틀리 아저씨의 경비행기가 하늘로 멋지게 날아가는 모습은 감상하지 못했다.

하늘로 날아오르는 경비행기만큼이나 아름다웠던

그곳의 불타오르던 노을빛.

마치 세상에 우리만 놓여진 듯한 묘한 두려움마저 들게 할 만큼

최고로 드라마틱한 석양이 활주로 앞마당을 가득 채우고 있었다.

석양빛으로 다가가는 조카들이 저러다

지구 밖으로 벗어나게 되는 건 아닐까 싶어 자꾸 불러 세웠다.

이만큼의 석양은 그 이전에도 그 이후에도 없었다.

번개 맞은 ——————— 유칼립투스

아주 오래전 멋진 풍경을 바라보고 있던 아름다운 한 여인이 있었습니다.

옆에 서 있던 신사에게 여인은 이야기했습니다.

"이렇게 아름다운 풍경을 떠나고 싶지 않아요."

신사는 그 땅의 주인이었습니다.

"나와 결혼해 주겠소? 그럼 영원히 떠나지 않아도 돼요."

아주 많은 시간이 흐른 후 여인은 그곳에서 마지막 숨을 거둡니다.

그리고 그날 밤 거대한 유칼립투스 나무에 번개가 내리칩니다.

주말 여행으로 2박 3일간 머물렀던 숙소의 아름다운 풍경 속에서 눈을 뗄 수 없었던 것은 한 그루의 번개 맞은 유칼립투스 나무였다. 그 나무에 얽힌 이야기까지 듣고 나니 나무가 서 있는 그 풍경은 더욱 특별해졌다. 누군가가 평생을 두고 바라보고 싶어 했던 풍경. 어두워질 때까지 그 풍경에서 눈을 떼지 못했고 아침에 눈을 뜨자마자 벌떡 일어나 나무부터 확인하며 하루를 시작했다. 사람들은 그 주변에서 아침을 먹고, 애프터눈티를 마시며, 노을이 질 때는 칵테일을 즐겼다. 그곳에 머무는 사람들은 잠시도 그 풍경을 쉽게 두지 않았다. 나무 한 그루가 완벽하게 해낸 위대한 풍경이었다.

겨울
여행

활활 타오르는 벽난로 장작불 주변으로 모두를 모이게 하는 겨울날의 여행. 대낮의 따뜻한 햇살을 맞으며 주변 산책을 나선 길에 아주 멀리 있는 산 정상에 하얗게 쌓인 눈이 보였다. 사막에서 오아시스를 발견한 듯 숙소로 돌아와서 일행들을 모두 정렬시켜 근사한 풍경을 보여주겠다며 그곳으로 안내를 했다. 한 사람도 노선을 벗어나면 안 된다며 패키지여행의 깃발처럼 나뭇가지에 모자를 매달았다.

올겨울이 꽤나 추워서 산간지방에는 눈이 잦다고 하더니
이렇게 멀리서까지 보일 정도로 눈이 소복이 쌓였다.
밤새 무릎까지 묻힐 만큼 내린 눈은 해가 떠오르자마자 바로 녹아 버려서
사람들의 마음을 아쉽게 한다. 아프리카에도 눈이 온다.

우리들만의 캠핑 여행

나의 아프리카 삶을 더욱 특별하게 만들어준 친구들과의 캠핑 여행. 나는 매일 밤 잠을 제대로 잘 수가 없었다. 텐트 밖으로 펼쳐져 있는 아름다운 풍경을 잠시라도 놓치기 아쉬워서였다. 달빛만이 가득한 적막한 아프리카 초원에서 새벽 3시쯤 눈이 떠지면 희미하게 의식을 붙잡고 있었다. 칠흑 같은 어둠이 걷히고 어스름한 새벽녘 해돋이가 다가오는 시간에 나는 어둠 속에서 손전등을 켜고 울퉁불퉁한 산길의 작은 언덕을 넘어 공동 야외취사장으로 향했다. 우유를 듬뿍 넣은 모닝티를 커다란 텀블러에 만들어 와서 텐트 앞 사파리 의자에 앉아 홀짝였다. 여행 내내 매일같이 아름다운 풍경에 햇살이 퍼지는 모습을 놓치지 않았다. 느지막이 일어나 부스스한 모습으로 각자의 텐트에서 나와 샤워장으로 향하는 친구들에게 아침 인사를 하며 캠핑장의 또 다른 하루는 본격적으로 시작되었다.

30여 명의 가족들이 모여 있으니 세끼 식사 준비도 그야말로 떠들썩한 사교의 장이 되었다. 예전 몇 대의 대가족이 모여 사는 집 풍경이 이랬을까? 북적이고 따뜻했다. 모두가 함께하니 요리는 더 이상 노동이 아니었다. 일상이 늘 이렇다면 정말 행복하겠지? 그런데 돈은 누가 벌어오지? 서로의 요리를 염탐하고 와인잔을 기울이면서 웃음과 수다와 요리가 함께 무르익어가고 있었다.

거대한 장작화로를 통해 뜨겁게 데워진 물은 파이프를 타고 바위 절벽 위 빅토리안 욕조 네 개가 나란히 놓인 야외 공동목욕탕으로 연결되었다. 깊은 산속, 작은 계곡의 또르르 물줄기 소리를 들으며 김이 모락모락 오르는 야외 스파를 매일같이 즐겼는데 마치 선녀들의 목욕 같았다. 차가운 아침 공기에도, 비가 추적추적 내리는 오후에도, 쏟아질 듯한 별들이 가득한 밤하늘 아래에서도 최고로 낭만적이고 힐링스러웠다.

캠핑에서 빠질 수 없는 캠프파이어는 가을로 접어들어 기온이 뚝 떨어지는 쌀쌀한 저녁을 날마다 포근하게 만들어주었다. 캠프파이어 장소는 한쪽이 완전히 트여 있는 동굴 형태로 여름에는 선선한 바람이 통하고 겨울에는 거센 바람과 비로부터 보호가 되는 곳이었다. 부시맨들이 불을 지피며 옹기종기 모여 밤을 보내던 그곳에서 우리도 부시맨들과 다를 바 없는 밤들을 보냈다.

Life is Beautiful. 나의 아프리카 삶에는 언제나 그들이 있었다. 아프리카에서 생활하며 그리움이 커져 두려움에 가까워지려 할 때 다정하게 다가와 마음으로 안아주는 사람들. 바로 옆에 있지 않아도 존재만으로도 큰 위안과 힘이 되는 사람들. 어쩌면 그런 면에서 가족과도 많이 닮은 듯한 사람들이다. 많이 외롭고 휘청거릴 수도 있었을 나의 타지 삶에 환한 웃음과 따뜻한 정겨움을 가능케 해 준 그들과의 매 순간에 감사함을 더한다.

Epilogue

"넌 아프리카에 혼자 내버려져도 잘 살 거야." 사람들이 내게 무심코 해주었던 그 말들이 씨가 되어 무럭무럭 자랐습니다. 어느 날 문득 내가 있는 이곳이 아프리카라는 걸 깨달을 때마다 아직도 묘한 전율이 느껴집니다. 아프리카는, 내 삶의 배경으로 상상조차 해 보지 못한 멀고도 낯선 곳이었습니다. 마치 운명이었던 것처럼 첫눈에 매료되고 사랑에 빠진 아프리카. 숱한 외세의 침략과 잔인한 횡포의 역사로 물들어 있는 아프리카, 헤쳐 나가야 할 가난과 범죄와 같은 문제들이 여전히 많은 아프리카에서 나는 어떻게 로맨틱함을 운운할 수가 있을까. 하지만 과거의 상처와 현재의 문제라는 한계에 집착하고 그 울타리를 벗어나지 못하는 것보다는 좀 더 긍정적이고 미래지향적인 방식을 고민하게 되었습니다. 너무나 아름다운 이 땅 위의, 순수한 마음과 미소를 가진 선한 사람들. 그리고 그들이 그토록 소중히 일구어 가고 있는 이곳의 이야기를 전하고 싶은 마음으로 시작했습니다. 꾸밈과 가식 없는 작은 일상의 이야기들을.

그럼에도 불구하고 이 책 한 권에 차마 다 담지 못한 많은, 더 많은 이야기들은 마음에 소중히 품으며 『나의 로맨틱 아프리카』는 아쉬운 마음으로 마무리합니다.

어떤 이들에게는 막연한 타국생활에 대한 호기심 혹은 공감이 가능했기를, 또 어떤 이들에게는 꿈을 꾸고 있는 아프리카 검은 대륙에 보내는 다정한 시선과 궁금함이 더 많아졌기를 바랍니다. 마지막으로 사람과 자연과 또 그 모든 것들을 온전히 누리는 법을 비로소 가르쳐준 아프리카에 감사하는 마음을 전합니다. 아프리카는 오늘도 아름답습니다.